AF392070

CHIMIE AGRICOLE

ARCHEVÊCHÉ D'AVIGNON

Tout ce qui intéresse Nos populations de la campagne appelle aussi Nos sollicitudes et Nos sympathies. Ce motif, eût-il été seul, aurait suffi pour recommander à Notre attention les *Leçons élémentaires de Chimie agricole* que venait de publier, pour les enfants des écoles primaires, M. J. H. Fabre. Mais le savant et modeste professeur apportait d'autres titres à Nos suffrages : son livre n'est pas seulement riche de connaissances utiles, exposées avec un naturel charmant et une simplicité pleine de grâces, il a l'attrait plus doux encore du conseil moral, de la leçon religieuse donnée sans prétention, mais toujours à propos, en présence des œuvres de Dieu. Nous souhaitons donc qu'il se propage et qu'il soit lu.

Avignon, 18 novembre 1862.

✝ J. M. M.,
Archevêque d'Avignon.

LA
SCIENCE ÉLÉMENTAIRE

LECTURES ET LEÇONS POUR TOUTES LES ÉCOLES

PAR

J. HENRI FABRE

Ancien élève de l'École normale primaire de Vaucluse, Docteur ès sciences,
Professeur de chimie
au Lycée impérial et aux Écoles municipales d'Avignon.

CHIMIE AGRICOLE

OUVRAGE APPROUVÉ

PAR S. EXC. LE MINISTRE DE L'INSTRUCTION PUBLIQUE

Et recommandé par Mgr l'Archevêque d'Avignon.

TROISIÈME ÉDITION, REVUE ET CORRIGÉE.

PARIS

ANCIENNE MAISON DEZOBRY, E. MAGDELEINE & Cᴵᴱ

CH. DELAGRAVE ET Cᴵᴱ, LIBRAIRES-ÉDITEURS

78, RUE DES ÉCOLES

1866

Toutes nos éditions sont revêtues de notre griffe.

Charles Delagrave et Cie

AVANT-PROPOS

Faire connaître aux enfants de nos écoles rurales les
principes de la Chimie agricole et les phénomènes phy-
siologiques qui s'y rattachent, tel a été notre but en pu-
bliant cet opuscule. Deux écueils sont à éviter dans un
pareil travail : l'aridité du sujet, et les difficultés maté-
rielles que doit rencontrer dans une école primaire,
l'étude, même très-élémentaire, d'une science basée sur
l'expérimentation. A ce mot de chimie, les maîtres s'ef-
frayent, avec juste raison : le matériel nécessaire leur
manque totalement. L'élève même lui fait mauvais
accueil; et si jamais il s'avise d'ouvrir un petit traité
de cette science, il ne tarde pas à l'abandonner, rebuté
par une exposition trop didactique. C'est avec ce double
écueil toujours présent à l'esprit que nous nous sommes
mis à l'œuvre.

A l'aide de quelques faits élémentaires très-faciles à
reproduire, et dont plusieurs même se passent journel-
lement sous ses yeux, l'élève est graduellement amené
à se rendre compte des principales grandes lois de la
chimie vivante qui trouvent des applications en agriculture. Tout en conservant, pour l'interprétation des
phénomènes, une stricte rigueur, nous nous sommes
sévèrement interdit les ressources scientifiques, inap-
plicables ici. Le matériel de laboratoire est supprimé;

les termes scientifiques nouveaux pour l'élève sont en très-petit nombre ; et les substances sur lesquelles on va porter son attention sont à peu près toutes sous sa main. Enfin, l'antique adage de l'*utile dulci* devait être observé ici ; au besoin, vingt années d'expérience, tant dans l'enseignement primaire que dans l'enseignement secondaire, nous l'auraient appris. Comment intéresser des enfants à la nutrition des plantes, comment leur parler raison et science, si la forme ne vient à votre aide? C'est donc en quelques leçons familières où l'attention est, autant que possible, captivée par le stimulant de la curiosité, que nous présentons à nos jeunes lecteurs des notions rationnelles sur les principaux faits agricoles du domaine de la chimie.

Le but d'un petit livre tel que celui-ci est atteint, si l'élève, en le parcourant sur les bancs de l'école, s'habitue à se rendre compte des opérations agricoles, et, par suite, acquiert l'amour de son futur état; car on ne fait avec affection que ce que l'on comprend. L'homme n'est pas une machine : le travail qu'il ne comprend pas le dégoûte, l'intelligence de ce qu'il fait l'encourage. Dans les écoles rurales, on ne saurait trop, ce nous semble, jeter de bonne heure dans la mémoire vivace des enfants les germes raisonnés de leurs occupations futures. On développe ainsi l'esprit d'observation, cette faculté si précieuse, en agriculture surtout; et on meuble la mémoire de souvenirs que l'âge adulte consultera avec fruit. C'est pour venir en aide aux maîtres, dans cette difficile mais importante mission, que nous avons écrit ce petit livre. Puisse-t-il rendre à leurs élèves les services qu'il nous semble entrevoir !

J. H. FABRE,

Ancien élève de l'école normale primaire de Vaucluse, docteur ès sciences, professeur de physique et de chimie au lycée impérial et aux écoles municipales d'Avignon.

CHIMIE AGRICOLE

PREMIÈRE LEÇON

L'AIR

1. L'air enveloppe la Terre de toutes parts, en formant une couche d'une quinzaine de lieues d'épaisseur, qu'on nomme *Atmosphère*. Cette couche d'air constitue un immense océan dont le fond repose sur la terre ferme ainsi que sur les mers, et dont la surface se perd dans de hautes régions où rien ne peut vivre. Il y a donc comme deux océans superposés : l'océan ordinaire formé par l'eau, et l'océan atmosphérique formé par l'air. Le premier n'occupe qu'une partie de la surface de la Terre ; le second recouvre en entier, d'une couche continue, et la terre ferme et les mers. C'est dans le premier que vivent les animaux aquatiques, les poissons ; c'est dans le second que vivent les animaux aériens, les quadrupèdes, les oiseaux, et nous aussi enfin. L'océan des eaux n'est guère habitable, pour les êtres destinés à y vivre, que dans les régions voisines de sa surface ; ses profondeurs sont à peu près désertes. C'est tout le contraire pour l'océan atmosphérique : le fond en est habité, les hauteurs en sont désertes. La vie n'est possible, tant pour les plantes que pour les animaux, qu'un peu au-dessus et un peu au-dessous du niveau où les deux océans se superposent.

2. Nous vivons plongés dans les profondeurs de l'océan aérien. L'air, qui nous baigne partout et toujours, doit avoir sur nous une grande influence. Recherchons alors ses principales propriétés. L'air est invisible, parce qu'il est transparent et à peu près incolore. Sa faible coloration devient cependant sensible quand le regard plonge à travers une couche d'air très-épaisse. Le verre à vitre est, lui aussi, sans couleur; mais quand on le regarde sur la tranche, on le voit vert. L'eau en couche mince est incolore; vue en couche suffisamment épaisse, elle apparaît bleue ou verte. Il en est de même de l'air; sous une faible épaisseur, il paraît dépourvu de coloration; mais, sous une épaisseur de quelques lieues, il est bleu. Telle est la cause de la belle couleur bleue du ciel; telle est encore la cause de la teinte bleuâtre du paysage vu à de grandes distances.

3. L'air étant invisible et insaisissable à cause de sa grande subtilité, il paraît d'abord difficile de le manier, pour en étudier les propriétés. Il n'en est rien cependant. Remarquons, en effet, que tous nos ustensiles, tels que verres, bouteilles, flacons, sont plongés dans l'air, et par conséquent sont remplis de cette substance comme ils seraient remplis d'eau s'ils étaient plongés dans ce liquide. Ainsi, quand nous disons qu'un flacon est vide, nous ne devons pas entendre par là que ce vase ne renferme absolument rien, mais bien qu'il est uniquement plein d'air.

4. Cela étant, plongeons un verre dans l'eau, l'orifice en bas. Vainement nous l'enfoncerons en le tenant bien droit, nous ne verrons jamais l'eau monter en entier dans le verre et le remplir. Pourquoi cela? Parce que le verre est plein d'air, et que celui-ci, refoulé jusqu'à un certain degré, finit par empêcher l'eau d'aller plus avant. Il est évident, en effet, qu'un vase plein d'une substance, ne peut en recevoir une seconde dans sa capacité, si la première ne s'échappe pour faire place à l'autre. Maintenant, inclinons un peu le verre, en le tenant toujours dans l'eau. Lorsque l'inclinai-

son sera suffisante, nous verrons s'échapper du verre de grosses bulles tumultueuses, qui font bouillonner l'eau et viennent crever à la surface, où elles se dissipent. Ces bulles ne sont autre chose que de l'air; elles s'élèvent, comme autant de petits ballons, à travers la couche d'eau, à cause de leur plus grande légèreté. A mesure que l'air s'échappe du verre, l'eau remplit ce dernier. Voilà un moyen bien simple de rendre l'air sensible à la vue.

5. Ce même moyen peut nous servir à faire passer de l'air d'un vase dans un autre, à le transvaser. Prenons deux verres et un petit baquet ou un plat profond plein d'eau. Nous remplissons d'eau l'un des verres en le plongeant dans le baquet; et, une fois plein, nous le tenons renversé. Nous pouvons le tenir en grande partie hors de l'eau, le liquide qu'il renferme ne s'écoulera pas tant que l'orifice sera en entier immergé. L'autre verre est plein d'air. Nous le plongeons également dans le baquet, l'orifice en bas. Si nous l'inclinons légèrement sous l'autre, les bulles d'air, au lieu de venir crever au dehors, se rendront dans le premier verre, dont l'eau baissera peu à peu, à mesure que l'air, plus léger, la forcera à descendre. La figure que voici achèvera

Fig. 1.

de vous faire comprendre ma description. Il ne nous en faut pas davantage pour manier commodément l'air.

6. Maintenant, au milieu d'une assiette un peu profonde, plantons un bout de bougie allumé. Puis, mettons dans l'assiette une couche d'eau de quelques centimètres d'épaisseur, et couvrons la bougie d'un très-grand verre ou d'un bocal dont les bords plongent dans l'eau. La bougie se trouve

ainsi dans de l'air emprisonné, sans aucune communication avec le dehors (fig. 2). D'abord, la bougie continue à brû-

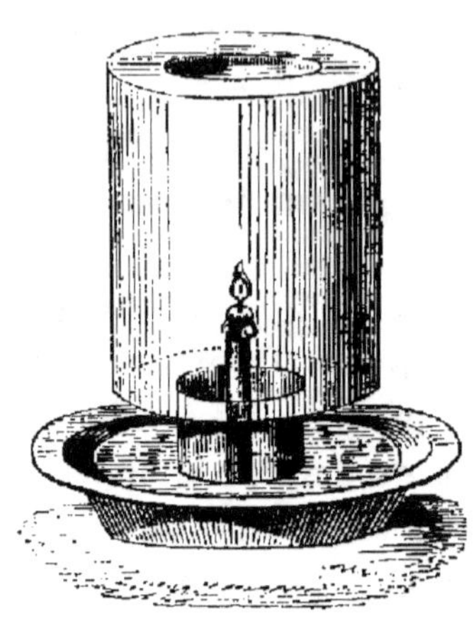

Fig. 2.

ler comme si elle était au dehors, à l'air libre; mais, après quelques instants, sa flamme pâlit, s'amoindrit, devient fumeuse, se réduit à un point et enfin s'éteint. En même temps, on voit l'eau de l'assiette monter un peu dans le bocal. Dans cette expérience si simple, il y a deux faits de la plus grande importance : l'extinction de la bougie, l'ascension de l'eau.

7. Pourquoi la bougie s'est-elle éteinte, sans aucune cause apparente, dans un air parfaitement tranquille? Parce qu'il y a dans l'air deux substances différentes, dont l'une, en petite quantité, est cause de la combustion de la bougie, et dont l'autre, en plus grande quantité, est incapable d'entretenir cette combustion. Tant que dure, sous le bocal, la provision de la première substance, la bougie continue à brûler, mais en pâlissant à mesure que cette provision s'épuise. Enfin, quand il ne reste plus ou presque plus dans le bocal que de la seconde substance, la bougie s'éteint. On donne le nom d'*Oxygène* à la substance aérienne qui est cause de la combustion, et le nom d'*Azote* à l'autre substance, à celle au milieu de laquelle la bougie ne peut brûler.

8. Enfin, pourquoi l'eau s'est-elle élevée dans le bocal? Parce que, par l'effet de la combustion, il s'est formé, aux dépens de la bougie et aux dépens de l'oxygène, une nouvelle substance qui se dissout dans l'eau à mesure qu'elle se forme, et qu'on appelle *Acide carbonique*. Cette substance, en se dissolvant dans l'eau, diminue d'autant le contenu

aérien du bocal, et, par suite, l'eau monte dans la place vide qui lui est faite.

9. L'oxygène et l'azote sont, comme l'air atmosphérique, invisibles, insaisissables. On donne le nom général de *Gaz* aux substances qui présentent la subtilité de l'air. L'oxygène et l'azote sont donc les deux gaz qui, par leur mélange, constituent l'air ordinaire. Sur 5 litres d'air, il y a, à très-peu près, 1 litre d'oxygène et 4 litres d'azote. Ce qui reste actuellement dans le bocal où a brûlé la bougie, ne contient plus assez d'oxygène pour que la combustion y soit possible. Si la combustion était assez vive pour utiliser tout l'oxygène, ce qui resterait serait de l'azote pur ; et alors, l'eau monterait dans le bocal jusqu'à occuper précisément la cinquième partie de sa capacité. Avec une bougie allumée, il est impossible d'arriver à ce résultat ; on n'y parvient que par la combustion du *Phosphore*, cette matière si inflammable avec laquelle on fait les allumettes.

10. Cependant, malgré l'imperfection de notre résultat, causée par l'insuffisance de nos moyens, nous pouvons constater la propriété essentielle de l'azote. Plongeons le bocal où a brûlé la bougie dans un baquet plein d'eau, en tenant l'assiette appliquée contre l'orifice ; puis, enlevons l'assiette. Il nous est alors facile, par le moyen décrit plus haut, de faire passer dans un flacon à large ouverture le gaz qui reste. Cela fait, on bouche le flacon sous l'eau avec une lame de verre qu'on applique sur son orifice, et on le pose, ainsi fermé, sur une table. On enlève la lame de verre, et on plonge doucement dans le flacon une petite bougie allumée fixée à l'extrémité d'un fil de fer. Elle s'y éteint à l'instant. Dans le même flacon plein d'air ordinaire, la bougie brûlerait très-bien. Donc, encore une fois, le gaz qui reste dans le bocal après l'extinction de la bougie est incapable d'entretenir la combustion, bien qu'il renferme encore de l'oxygène. Évidemment, il faut appliquer à l'azote pur cette conclusion, et dire de lui que c'est un gaz impropre à la

combustion. En résumé : l'air renferme un gaz cause de la combustion, l'oxygène, dans la proportion de 1 litre sur 5, et un autre gaz dans lequel les corps ne peuvent brûler, l'azote, dans la proportion de 4 litres sur 5.

QUESTIONNAIRE

Qu'est-ce que l'atmosphère? (1) — Quelle est sa hauteur? (1) — Dans quelles régions de l'océan liquide et de l'océan aérien les plantes et les animaux peuvent-ils vivre? (1) — L'air est-il visible? (2) — A-t-il une coloration? (2) — Quelle est la cause de la couleur bleue du ciel, du paysage éloigné? (2) — Que doit-on entendre quand on dit qu'un verre, un flacon, un vase quelconque, sont vides? (3) — Qu'arrive-t-il lorsqu'on plonge un verre vide dans l'eau, l'orifice en bas? (4) — Comment peut-on faire passer de l'air d'un vase dans un autre? (5) — Décrivez ce qui se passe lorsqu'on fait brûler une bougie sous un bocal. (6) — Pourquoi la bougie s'éteint-elle? (7) — Qu'est-ce que l'oxygène, l'azote? (7) — Quelle est la cause de l'ascension de l'eau dans le bocal sous lequel brûle une bougie? (8) — Qu'appelle-t-on gaz? (9) — Quelle est la composition de l'air? (9) — Peut-on faire disparaître tout l'oxygène d'une masse d'air par la simple combustion d'une bougie? (9) — Quelle substance faudrait-il employer pour arriver à ce résultat? (9) — Quelle est la propriété essentielle de l'azote? (10)

Les numéros qui accompagnent chaque question correspondent aux numéros des paragraphes de la leçon précédente. Le maître peut s'assurer, par ce questionnaire, qu'il augmentera au besoin, si l'élève a bien compris. Il pourrait faire mieux : ce serait de donner, comme devoir, la tâche de faire suivre chaque question de sa réponse écrite et rédigée par l'élève. Après la correction d'un pareil travail, l'élève aurait à apprendre les réponses de mémoire.

DEUXIÈME LEÇON

L'AIR

(SUITE)

1. Puisque la combustion d'un corps résulte de l'action de l'oxygène sur ce corps, on doit s'attendre à des combustions d'autant plus vives, plus rapides, que l'oxygène est en plus grande abondance. C'est, en effet, ce qui a lieu. Dans l'oxygène pur, le charbon, le bois, la bougie, le fer même, brûlent avec un éclat et une rapidité merveilleuses. Un fil de fer dont le bout est armé d'un morceau d'amadou allumé, prend feu dans l'oxygène et brûle en répandant des étincelles éblouissantes, pareilles à celles qui se détachent d'un feu d'artifice. Cette combustion du fer vous étonne; vous pouvez la voir cependant chaque jour, si vous voulez. Vous n'avez qu'à entrer dans l'atelier du forgeron voisin. Quand le fer est fortement chauffé, il peut brûler dans l'air ordinaire presque aussi vivement que dans l'oxygène. Aussi, lorsque le forgeron retire du feu une pièce de fer chauffée à blanc, cette pièce lance en tous sens des étincelles d'un éclat incomparable occasionnées par la combustion du métal. Si le forgeron n'y veillait, tout le fer brûlerait en produisant, avec l'oxygène de l'air, une matière noire se détachant en écailles et qu'on nomme *Oxyde de fer*.

2. Malgré leur vivacité, les combustions par l'oxygène pur n'ont pas d'emploi, à cause de la difficulté d'obtenir ce gaz en abondance. Les combustions ont lieu par l'intermédiaire de l'air. Vous concevez maintenant la nécessité de l'arrivée convenable de l'air dans les cheminées, poêles et autres foyers de chaleur. Si l'air n'arrive pas en quantité suffisante, la combustion languit, ou même s'éteint; plus,

au contraire, l'air afflue, plus la combustion est vive. Telle est la cause des services que rend le soufflet, aussi bien dans nos maisons que dans la forge du maréchal. Si le feu s'avive au moyen du soufflet, c'est qu'il arrive alors sur le combustible un courant plus fort d'oxygène.

3. L'air n'est pas seulement nécessaire à la combustion, il est aussi indispensable à l'entretien de la vie de tous les animaux et de l'homme lui-même. Les animaux qui vivent dans l'eau ne font pas exception à cette règle ; comme les autres, ils ont besoin d'air pour vivre. C'est donc une règle absolue. L'air est de la plus pressante nécessité pour tout être vivant. Ce besoin impérieux se fait sentir sans relâche, le jour, la nuit, à toute heure. Avant tout, nous vivons d'air ; la nourriture ordinaire ne vient qu'en seconde ligne. Le besoin des aliments n'est éprouvé qu'à des intervalles assez longs ; le besoin d'air se fait sentir sans discontinuer.

4. C'est par la respiration que l'air agit en nous. Il pénètre par les narines, par la bouche, se rend dans les poumons, et là, opère sur le sang un changement merveilleux qui rend celui-ci propre à l'entretien de la vie. Essayez de suspendre un moment la respiration ; fermez à l'air les voies par lesquelles il se rend aux poumons, en pinçant les narines entre les doigts et en tenant la bouche fermée. Combien de temps vous maintiendrez-vous en cet état? A peine vous avez commencé l'expérience, et déjà vous suffoquez, vous n'en pouvez plus ; vous sentez qu'infailliblement vous péririez dans d'atroces souffrances, si cet état se prolongeait un peu de temps. Vous voilà convaincus de la nécessité de l'air pour vivre.

5. On peut s'en convaincre encore par un moyen, hélas! un peu cruel. Heureusement ce moyen n'est pas à notre portée ; et tout se passera en paroles, sans en venir aux actes. On met un animal vivant, un oiseau par exemple, sous une calotte de verre ou cloche parfaitement appliquée

sur une petite table bien unie, et traversée d'un canal ; puis, à l'aide d'une pompe qui puise l'air comme les pompes ordinaires puisent l'eau, on enlève, par la voie du canal en question, l'air contenu dans la cloche. Cette pompe aspire l'air de la même façon que vous-mêmes l'aspirez, mais moins énergiquement, avec la bouche. A mesure que l'air disparaît, aspiré par la pompe, l'oiseau chancelle, se débat et tombe mourant. Pour peu que vous tardiez à le retirer de dessous la cloche, le pauvret est mort, bien mort ; rien ne pourra le rappeler à la vie. Mais si vous le retirez assez promptement, le contact de l'air pourra le ranimer. Ce genre de mort par manque d'air s'appelle *Asphyxie*.

6. Au lieu d'enlever l'air, on pourrait simplement mastiquer les bords de la cloche pour empêcher l'air extérieur d'entrer, et abandonner l'animal à lui-même. Dans ce cas, l'oiseau vivrait quelque temps, et d'autant plus que la cloche serait plus grande. Cependant, il ne tarderait pas à faiblir, et à périr enfin, bien avant que la provision d'air fût épuisée. On trouverait alors que, dans la cloche, la dose d'oxygène a diminué, et qu'à sa place il s'est formé de l'acide carbonique, gaz dont il a été déjà parlé. Quant à l'azote, sa proportion serait la même qu'au début. Ainsi la respiration d'un animal produit dans l'air les mêmes changements que la combustion de la bougie qui nous a servi de point de départ, c'est-à-dire qu'elle s'effectue aux dépens de l'oxygène de l'air, qu'elle change en acide carbonique. Quant à l'azote, il n'a pas de rôle actif dans la respiration ; il se borne à affaiblir l'action trop énergique de l'oxygène, de même que l'eau affaiblit l'action d'un vin trop généreux. Seul, bien entendu, il est impropre à la vie. On peut s'en convaincre en plongeant un oiseau dans un grand flacon à large goulot, plein d'azote, ou tout simplement plein du résidu gazeux dans lequel la bougie cesse de brûler. Dans un gaz pareil, l'animal meurt, comme la bougie allumée s'y éteint. Il meurt non à cause de la présence de l'azote, qui n'a rien de véné-

neux, mais à cause de l'absence de l'oxygène. Il résulte de ces aperçus que la combustion et la respiration sont deux phénomènes du même ordre : la bougie qui brûle et l'animal qui respire prennent également de l'oxygène à l'air, le changent en acide carbonique et laissent l'azote intact.

7. On a dit plus haut que les animaux aquatiques ne font pas même exception à la grande loi de l'entretien de la vie par l'air. Quand on chauffe légèrement de l'eau, on voit monter à travers ce liquide de petites bulles gazeuses. C'est de l'air qui, d'abord en dissolution dans l'eau, est chassé par l'effet de la chaleur. Il y a donc, dans l'eau, de l'air dissous; et c'est lui que respirent les animaux aquatiques, les poissons. On peut le démontrer comme il suit. En chauffant l'eau jusqu'à la faire bouillir, on chasse tout l'air qu'elle tenait en dissolution. Quand l'eau est redevenue froide, on y plonge un petit poisson vivant, qui ne tarde pas à y périr, comme périrait un oiseau sous la cloche d'où l'on aurait enlevé l'air. L'air dissous dans l'eau n'est pas en quantité bien considérable; mais, par une admirable précaution providentielle, il est plus riche en oxygène que l'air ordinaire, et, par suite, sous un plus petit volume, il peut satisfaire aux besoins de la respiration. En effet, l'air extrait de l'eau par l'ébullition renferme 32 p. 100 d'oxygène pur, au lieu de 21 p. 100 qu'en renferme l'air de l'atmosphère.

8. La combustion d'une bougie ou d'un morceau de bois et la respiration animale, non-seulement s'entretiennent au moyen de la même substance, au moyen de l'oxygène, mais encore elles produisent des résultats identiques. C'est ainsi que, de part et d'autre, il y a formation de gaz carbonique et production de chaleur. Telle est la cause de la chaleur naturelle du corps, chaleur qui provient de l'action de l'oxygène sur le sang. Mais nous reviendrons plus loin sur cette importante question, et l'on vous expliquera comment le corps d'un animal est un foyer de chaleur entretenu par les aliments qui en sont en quelque sorte le combustible, et par

l'air que fournissent les mouvements respiratoires, pareils à ceux d'un soufflet.

9. Il faut à l'homme, en moyenne et dans l'intervalle de de vingt-quatre heures, environ 450 litres d'oxygène, ce qui équivaut à cinq fois plus d'air, ou à 2 250 litres, un peu plus de deux mètres cubes. N'allez pas croire cependant qu'un homme pourrait vivre vingt-quatre heures dans un espace clos où il aurait une provision de deux à trois mètres cubes d'air. N'oublions pas que la flamme de la bougie s'éteint bien avant que l'oxygène de l'air, contenu dans le bocal qui la couvre, soit épuisé. L'homme en ferait autant : il mourrait, il s'éteindrait lorsque sa provision d'oxygène serait un peu entamée. Cela provient de deux causes : d'abord, l'air légèrement appauvri en oxygène n'active plus suffisamment la combustion vitale ; en second lieu, le gaz carbonique provenant de cette combustion et rejeté à chaque expiration, est lui-même un gaz délétère, un poison. Ainsi, à mesure que l'on continue à respirer dans la même masse d'air, celle-ci se charge d'une dose croissante de gaz carbonique qui équivaut à l'oxygène consommé ; et quand cette dose atteint un certain degré, le malaise se fait sentir, la respiration devient pénible, et il y a péril. De là, pour que la respiration s'effectue sans entraves, la nécessité d'un volume d'air beaucoup plus grand que celui que nous venons de calculer. Pour l'homme, il faut environ six mètres cubes d'air par heure ; pour un cheval, il en faut au moins dix-huit. S'il y en avait davantage, dans l'un comme dans l'autre cas, ce serait encore mieux, tant il importe de ne pas séjourner longtemps dans une atmosphère viciée par la respiration.

10. D'après ce qui précède, vous devez comprendre avec quel soin il faut veiller au renouvellement de l'air dans nos habitations, en particulier dans les appartements où nous passons la nuit, appartements qui n'ont pas toujours des dimensions suffisantes pour pouvoir se passer, sans porter

préjudice à la santé, de ce renouvellement quotidien. Vous voyez aussi que dans les bergeries, les écuries où séjournent de nombreux bestiaux, l'accès de l'air est une condition indispensable de salubrité, d'autant plus que l'air y est vicié à la fois par la respiration des animaux et par des immondices inévitables. Résumons-nous en ces quelques mots : l'air est indispensable à tout être vivant, et tout ce qui peut en altérer la pureté doit être évité avec le plus grand soin.

QUESTIONNAIRE

Qu'entend-on par combustion? (1) — La combustion est-elle plus vive dans l'oxygène pur que dans l'air? (1) — Donnez des exemples. (1) — Le fer brûle-t-il dans l'air ordinaire? (1) — Qu'est-ce que l'oxyde de fer? (1) — Quel est le rôle de l'air dans un foyer? (2) — Comment un soufflet active-t-il le feu? (2) — L'air est-il nécessaire à la vie des animaux? (3) — Qu'est-ce que la respiration? (4) — Peut-on suspendre longtemps la respiration? (4) — Comment fait-on pour démontrer que l'air est nécessaire aux animaux? (5) — Qu'est-ce que l'asphyxie? (5) — Un animal pourrait-il vivre sous une cloche sans communication avec l'air extérieur? (6) — Quels changements observe-t-on dans l'air où un animal a respiré? (6) — Quel est le rôle de l'azote dans la respiration? (6) — Un animal peut-il vivre dans l'azote? (6) — Quelle analogie y a-t-il entre la combustion et la respiration? (6) — Les animaux aquatiques respirent-ils de l'air? (7) — Prouvez-le. (7) — Quelle est la composition de l'air dissous dans l'eau? (7) — Quelle est la cause de la chaleur naturelle du corps? (8) — Combien l'homme, en vingt-quatre heures, respire-t-il de litres d'oxygène? (9) — A combien d'air cela équivaut-il? (9) — L'homme pourrait-il vivre dans un espace clos avec deux ou trois mètres cubes d'air pendant vingt-quatre heures? (9) — Pourquoi lui en faut-il davantage? (9) — Combien faut-il de mètres cubes d'air à l'homme par heure? (9) — Quels soins faut-il prendre dans nos habitations relativement à la respiration? (10) — Faut-il veiller au renouvellement de l'air pour les bestiaux? (10).

TROISIÈME LEÇON

L'ACIDE CARBONIQUE

1. J'appelle maintenant votre attention sur une expérience bien importante, mais bien simple. La simplicité n'exclut pas l'importance, et parce que telle chose se passe chaque jour sous vos yeux, gardez-vous de croire que cette chose n'a rien de remarquable à vous apprendre. J'espère peu à peu vous montrer que, dans ces faits élémentaires que vous laissez passer inaperçus, se trouve très-souvent le point de départ d'admirables résultats.

On allume du charbon dans le potager; le charbon brûle, se consume, produit de la chaleur, laisse un peu de cendre, et voilà tout. Qu'est devenu le charbon? S'est-il anéanti? Non : le néant, comme le hasard, n'est qu'un mot et rien de plus. Rien ne s'anéantit, pas plus au physique qu'au moral. Essayez d'anéantir un grain de sable. Vous pouvez l'écraser, le réduire en fine poussière, le fondre; mais l'anéantir, jamais. Et les hommes les plus habiles, avec des moyens plus variés, plus savants que les vôtres, ne l'anéantiraient pas davantage. Si rien ne s'anéantit, qu'est devenu le charbon? D'abord, dites-moi ce que devient un morceau de sucre, quand on le fait fondre dans de l'eau. Le sucre ne se voit plus, l'eau n'a pris aucune apparence nouvelle, et cependant vous êtes certains que le sucre n'est pas anéanti; vous savez qu'il est dans l'eau. A un incrédule, vous répondriez : Goûtez l'eau : elle est douce, donc le sucre s'y trouve; il est dissous dans le liquide, et voilà tout; bien qu'invisible, il existe toujours.

Eh bien! votre réponse est la mienne. Le charbon, à la

faveur de la combustion, s'est dissous dans l'air, comme le sucre s'est dissous dans l'eau; et cet air imprégné de charbon a changé de propriétés, encore comme l'eau qui, d'insipide, est devenue douce. Ce nouvel air, ce nouveau gaz porte le nom de *Gaz carbonique*, ou encore d'*Acide carbonique*, à cause du nom de *Carbone*, que la science donne au charbon.

2. Il ne faut pas confondre l'acide carbonique avec la fumée que peut dégager le charbon en brûlant. Cette fumée est produite par la vapeur d'eau résultant des traces d'humidité que contient le charbon. Le gaz carbonique est invisible comme l'air; il échappe à nos sens quand il se dégage. D'après ce que vous savez déjà, il vous est possible de prévoir que les deux substances dont l'air se compose ne jouent pas le même rôle dans la combustion du charbon. En effet, c'est l'oxygène seul qui dissout le charbon pour former le gaz carbonique; ou, mieux encore, c'est l'oxygène seul qui s'unit intimement, se combine au charbon pour constituer une nouvelle substance, le gaz carbonique, qui n'a rien de commun, dans ses propriétés, avec les deux corps qui l'ont engendré par leur combinaison. On dira donc que l'acide carbonique résulte de la combinaison de l'oxygène et du charbon.

3. Si l'acide carbonique se compose de deux substances, de quoi se composent à leur tour l'oxygène et le charbon? Eh bien! ces deux derniers corps ne peuvent se ramener à des substances plus simples, ils sont indécomposables. Ce sont des *Éléments* ou *Corps simples*, tandis que l'acide carbonique est un *Corps composé*.

Un élément ou corps simple est donc une substance qu'on ne peut décomposer. Tels sont : le charbon, l'oxygène, l'azote, le soufre, le fer, le cuivre, le plomb et tous les métaux. Un corps, au contraire, est appelé corps composé, lorsqu'il est possible d'en retirer plusieurs éléments différents. Ainsi le charbon, c'est du charbon et rien de plus; il en est de même de tout élément; mais l'acide carbonique, c'est du charbon et de l'oxygène combinés ; c'est donc un corps composé.

4. Mais revenons aux propriétés du gaz carbonique. Si vous introduisez dans un flacon à large goulot (fig. 3) un charbon bien allumé et suspendu à un fil de fer, vous verrez ce charbon continuer à brûler quelque temps, puis pâlir, et enfin s'éteindre. L'oxygène de l'air contenu dans le flacon est alors en grande partie converti en acide carbonique. Aucune précaution n'est à prendre pour empêcher ce gaz de s'échapper. Étant plus lourd que l'air, il reste dans le flacon, bien que celui-ci soit ouvert. Vous pouvez voir

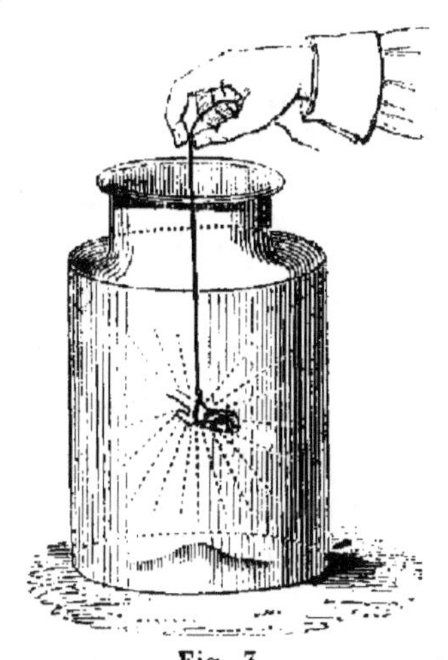

Fig. 3.

alors qu'une bougie allumée, étant plongée dans l'atmosphère du flacon, s'y éteint aussitôt. Donc l'acide carbonique est impropre à la combustion, et, par suite, à la respiration des animaux. Mais nous vérifierons mieux cela quand nous aurons de l'acide carbonique seul. En effet, dans le cas actuel, nous avons à la fois l'azote de l'air primitif du flacon, un peu d'oxygène qui a échappé à la combustion du charbon, et l'acide carbonique formé par cette combustion.

5. Voici un procédé des plus simples pour constater la présence de l'acide carbonique. On met de la chaux éteinte dans de l'eau, et on filtre à travers du papier à filtrer. L'eau qui passe est parfaitement limpide, et tient un peu de chaux en dissolution. On lui donne le nom d'*Eau de chaux*. Versons dans le flacon où a brûlé le charbon un filet de cette eau, et agitons. Aussitôt l'eau se trouble, blanchit, et, par le repos, elle laisse déposer une poudre blanche, qui n'est autre chose

que de la craie, pareille à celle qui vous sert à écrire au tableau noir. Cette craie s'est formée par la combinaison de la chaux en dissolution dans l'eau et de l'acide carbonique contenu dans le flacon. La craie est donc un corps composé, contenant de la chaux et de l'acide carbonique.

6. Puisque la craie renferme de l'acide carbonique, on doit pouvoir l'utiliser pour obtenir ce gaz en abondance, ce qui nous permettra de l'observer avec plus de soin que nous ne l'avons fait encore? L'idée est bonne, et nous allons à l'instant en tirer parti. Mettons dans un flacon un peu grand et à large goulot, dans un bocal par exemple, une poignée de craie réduite en poudre, et arrosons largement cette craie avec du vinaigre très-fort. Aussitôt la craie se met à bouillir pour ainsi dire ; elle se couvre de vessies, de bulles gazeuses, qui crèvent à peine formées. On dit alors que la craie fait effervescence. Ces vessies gazeuses sont dues au dégagement de l'acide carbonique que le vinaigre chasse de la craie pour en prendre la place, et se combiner à son tour avec la chaux de cette craie. L'acide carbonique étant deux fois plus lourd que l'air, reste au fond du flacon. A mesure qu'il se dégage, il refoule devant lui l'air atmosphérique ; et, si l'expérience se prolonge assez, il remplit le flacon. On reconnait que le flacon est plein d'acide carbonique, quand une allumette enflammée présentée à son orifice s'éteint aussitôt.

7. Au lieu de vinaigre très-fort, que j'emploie parce qu'il est toujours à votre portée et sans aucun danger, on aurait pu employer, et avec avantage, quelques autres substances que l'on désigne sous le nom d'*Acide*. Le vinaigre lui-même est un acide : son nom chimique est *Acide acétique*. Les principaux acides sont : l'*Acide sulfurique* ou huile de vitriol, l'*Acide azotique* ou eau-forte, l'*Acide phosphorique* et l'*Acide chlorhydrique*. C'est ce dernier qui devrait avoir la préférence dans l'expérience actuelle. Mais il ne faut pas oublier que ces divers acides brûlent, corrodent la peau et les habits,

et sont très-dangereux entre des mains inexpérimentées comme les vôtres, d'autant plus que ce sont des poisons violents. Tous les acides ont une saveur aigre, insupportable, dont la saveur du vinaigre donne un faible exemple; tous font passer au rouge les fleurs bleues, comme vous pouvez vous en convaincre en plongeant une violette dans du vinaigre. Tous enfin, versés sur la craie, font effervescence en dégageant l'acide carbonique, et se combinent avec la chaux de cette craie pour produire de nouveaux composés. On peut définir les acides : des corps doués d'une saveur aigre, qui font passer au rouge les fleurs bleues et possèdent la propriété de se combiner avec la chaux et avec d'autres corps analogues qu'on appelle *Bases*.

8. La combinaison d'un acide et d'une base porte le nom de *Sel*. Le mot sel a ici une signification beaucoup plus étendue que celle qu'on lui accorde dans le langage ordinaire. Le sel de cuisine entre dans la catégorie des sels, mais il y a une foule d'autres corps qui y entrent également. Ainsi la craie est un sel; son nom est *Carbonate de chaux*. Ce nom désigne à la fois l'acide et la base dont la craie est composée, savoir : l'acide carbonique et la chaux. Quand le vinaigre aura chassé l'acide carbonique de la craie, nous aurons un nouveau sel appelé *Acétate de chaux*. Si l'on s'était servi d'acide sulfurique dans cette opération, on aurait eu un autre sel appelé *Sulfate de chaux*. Ce sel constitue le plâtre. Enfin, avec de l'acide phosphorique, on aurait eu encore un sel différent appelé *Phosphate de chaux*. Celui-ci forme la majeure partie de la matière solide des os des animaux.

QUESTIONNAIRE

Que devient le charbon en brûlant? (1) — De quoi se compose e gaz carbonique? (2) — Qu'entend-on par corps simples ou éléments? (3) — Donnez des exemples. (3) — Qu'est-ce qu'un corps composé? (3) — Donnez un exemple. (3) — Qu'est-ce que l'eau de chaux? (5)— Comment sert-elle à reconnaître l'acide carbonique? (5) — De quoi se compose la craie? (5) — Peut-on employer la craie pour faire de l'acide carbonique? (6) — Comment vous y prenez-vous? (6) — Comment reconnaît-on qu'un vase est rempli d'acide carbonique? (5) (6) — Qu'est-ce qu'un acide? (7) — Citez les principaux. (7)—Qu'est-ce qu'un sel? (8)—Dire la composition du carbonate de chaux, du sulfate de chaux, du phosphate de chaux. (8) — Qu'est-ce que le plâtre? (8) — Quel est le sel qui entre dans la composition des os? (8)

QUATRIÈME LEÇON

L'ACIDE CARBONIQUE

(SUITE)

1. Bien que l'acide carbonique soit aussi invisible que l'air, nous reconnaissons maintenant que notre bocal est plein de ce gaz, puisqu'une allumette enflammée s'éteint dès qu'on la met à son orifice. Si, dans le bocal, nous plongeons avec précaution une bougie bien allumée, elle s'y éteint aussi rapidement que dans l'eau. Donc l'acide carbonique ne peut entretenir la combustion.

Pour nous débarrasser de la matière pâteuse qu'ont formée la craie et le vinaigre, nous pouvons faire passer notre acide carbonique dans un bocal propre. Pour cela, nous bouchons le premier vase avec la paume de la main, et nous le renversons dans l'eau. Nous prenons un autre vase pareil que nous remplissons d'eau, et nous y transvasons le gaz, en opérant comme il a été dit. Le nouveau bocal étant plein de gaz carbonique, nous le bouchons avec la paume de la main, et nous le transportons sur une table. Enfin nous y introduisons un oiseau, et nous remettons la main sur l'orifice pour que l'oiseau ne s'échappe pas. Mais voyez, enfants, voyez vite! La pauvre bête chancelle, la tête lui tourne, le bec s'ouvre, l'oiseau est mort... quelques inspirations de gaz carbonique l'ont tué. C'est donc avec de justes raisons qu'on dit que le gaz carbonique est impropre à la vie.

2. Respiré en quantité un peu considérable, l'acide carbonique produit aussi sur l'homme de terribles accidents. On peut en respirer sans crainte une petite quantité en s'approchant de l'orifice d'un flacon qui en contient, et on constate ainsi qu'il n'a pas d'odeur. Mais quand on séjourne quelque temps dans une atmosphère qui n'en renferme même que quelques centièmes, un lourd sommeil ne tarde pas à survenir, et ce sommeil est suivi de la mort. Qui n'a entendu parler de personnes mortes pour s'être enfermées dans des appartements bien clos où brûlait du charbon? Les mêmes accidents peuvent arriver dans les celliers où fermente le moût de raisin, et surtout dans les grandes cuves où se fait la fermentation. En effet, lorsque le moût fermente et se transforme en vin, il se dégage en abondance de l'acide carbonique : c'est ce qui donne au liquide une apparence d'ébullition. Il se dégage encore de l'acide carbonique des fours à chaux, car la chaux s'obtient en chassant, par une forte chaleur, l'acide carbonique d'une pierre qui est du carbonate de chaux. Si l'on s'endormait à proximité de l'un de ces fours, on pourrait être atteint par l'acide carbonique et périr sans s'éveiller. On chasse l'acide carbonique d'un lieu qui en contient par une bonne ventilation. Si ce moyen n'est pas praticable, on arrive au même résultat en répandant en ce lieu de la chaux délayée dans de l'eau. La chaux fait disparaître l'acide carbonique en se combinant avec lui pour faire du carbonate de chaux. Quand on soupçonne qu'un cellier renferme de l'acide carbonique, on ne doit y pénétrer qu'avec une lampe allumée qu'on porte en avant pour explorer l'atmosphère. Si la lampe s'éteint, c'est la

preuve infaillible que le gaz carbonique est là ; il faut alors rapidement se retirer et procéder aux moyens d'épuration qui précèdent.

3. Malgré ses propriétés redoutables, l'acide carbonique joue un rôle immense dans la nature, et en particulier dans la nutrition des végétaux. C'est pourquoi nous allons nous arrêter quelques instants sur les principales sources de ce gaz.

La respiration de l'homme et des animaux est une source d'acide carbonique. Le fait est facile à vérifier. Soufflez avec une paille dans un verre plein d'eau de chaux bien limpide ; vous verrez le liquide blanchir et laisser déposer par le repos une poudre blanche, de la craie. C'est là, vous le savez, le signe caractéristique de l'acide carbonique. L'air amené par la respiration dans les poumons, et de là dans la masse du sang, qui se répand dans toutes les parties du corps au moyen de canaux d'irrigation appelés veines et artères, l'air, dis-je, disséminé au moyen du sang jusque dans les parties les plus minimes du corps, produit une combustion d'où résultent la chaleur naturelle et une formation d'acide carbonique qui s'exhale à chaque expiration. Quant au combustible nécessaire pour entretenir cette combustion vitale incessante, il est fourni par les substances qui forment nos aliments. Voilà pourquoi, en hiver, le besoin d'aliments se fait plus impérieusement sentir. Le corps se refroidissant plus vite par le contact de l'air froid extérieur, pour que la chaleur naturelle ne baisse pas, il faut brûler plus de combustible ; en d'autres termes, il faut plus d'aliments. En moyenne, un homme produit dans les vingt-quatre heures 450 litres d'acide carbonique. Pour arriver à ce volume de gaz, il faut brûler 240 grammes environ de charbon. Nos aliments, le pain, la viande, les légumes, etc., renferment tous une forte proportion de charbon ; et c'est là que sont puisés les 240 grammes quotidiens de charbon dont la combustion entretient la chaleur naturelle. D'autres substances entrent, concurremment avec le charbon, dans la combustion vitale : tel est l'*Hydrogène*, dont l'étude nous occupera bientôt.

4. Incontestablement vous vous figurez que cette combustion se passe comme dans nos fourneaux, et vous pensez qu'on vous parle de l'existence d'un brasier dans notre corps. Il n'en est rien : bien qu'il y ait réellement combustion, il n'y pas de brasier. Mais ceci demande quelques développements. Quand on abandonne des broussailles, du bois, au fond d'un fossé humide, ce bois se décompose à la longue, se consume, noircit et finit par se réduire en une poussière brune. On dit vulgairement que le bois se pourrit. Or, cette décomposition lente, cette pourriture, cette réduction en poussière brune, c'est rigoureusement une combustion qui ne diffère que par sa lenteur de celle qui a lieu dans un foyer. Le bois qui pourrit se combine avec l'oxygène de l'air et dégage de l'acide carbonique, comme le fait le bois qui brûle dans une cheminée; le bois qui pourrit produit de la chaleur comme le bois qui brûle, et en produit tout autant. Cette chaleur vous est connue. Dans un tas de fumier qui pourrit, la température s'élève beaucoup; dans une meule de foin humide, la chaleur arrive parfois jusqu'à incendier la meule. Dans les deux cas, il y a combustion des herbages, de la paille et autres matières végétales qui se décomposent. Le bois en pourrissant dégage donc de la chaleur.

5. Mais d'où vient que cette chaleur le plus souvent n'est pas sensible? Le voici. Supposons qu'une bûche du poids d'un kilogramme mette un an pour brûler par l'effet de la pourriture, et qu'une bûche pareille mette une heure pour brûler dans un foyer. Dans les deux cas, il y aura la même quantité de chaleur produite. Seulement, pour le bois qui pourrit, cette chaleur se dégagera très-lentement et très-peu à la fois, puisqu'elle doit mettre un an pour se produire en entier; elle sera donc insensible. Pour le bois qui brûle, au

contraire, le dégagement de chaleur sera vif, rapide, puisqu'il ne doit durer qu'une heure ; par suite, cette chaleur sera très-sensible. Il faut alors distinguer la combustion lente de la combustion vive, et admettre plusieurs degrés dans la combustion, bien qu'au fond le phénomène soit le même. Un vieux tronc d'arbre qui pourrit, un tas de fumier qui s'échauffe, une meule de paille qui flambe, offrent autant de degrés divers dans la rapidité de la combustion. La combustion vitale occupe un degré moyen dans cette série : elle est plus vive que celle du bois en décomposition, elle est plus lente que celle du bois qui brûle. Elle produit donc de la chaleur, mais pas assez pour compromettre l'organisation, comme le ferait un foyer ardent.

6. La quantité d'acide carbonique produite simplement par la respiration de la grande famille humaine atteint des proportions fabuleuses. En tenant compte approximativement de la population entière de la terre, on arrive à la production annuelle de 160 milliards de mètres cubes d'acide carbonique, ce qui représente 86 270 millions de kilogrammes de charbon.

A cette source d'acide carbonique, il faut ajouter celle qui résulte des matières qui se décomposent, qui brûlent par pourriture. Le fumier qu'on répand sur les terres se transforme lentement en acide carbonique par le contact de l'air. D'un hectare de terre moyennement fumée, il s'en dégage, toutes les vingt-quatre heures, près de 160 mètres cubes. Il faut tenir compte encore de l'acide carbonique produit par la combustion du bois, du charbon, de la houille, dont l'industrie fait une si grande consommation. On évalue à 80 milliards de mètres cubes l'acide carbonique produit par la combustion annuelle de la houille, en Europe seulement. Ce n'est pas tout : de nombreuses sources renferment ce gaz en dissolution, et le laissent dégager à l'air ; les volcans en vomissent, et certaines éruptions volcaniques en exhalent des quantités devant lesquelles les nombres précédents sont insignifiants. Ainsi, il arrive de toutes parts dans l'atmosphère d'immenses torrents d'acide carbonique. Comment se fait-il que ce gaz ne rende pas à la longue l'air irrespirable? Que devient-il? A quoi sert-il? Vous le verrez dans la leçon suivante.

QUESTIONNAIRE

Que deviennent une bougie allumée, un animal dans une atmosphère d'acide carbonique? (1) — Quel est l'effet de l'acide carbonique sur l'homme? (2) — Citez les principales circonstances dans lesquelles le gaz carbonique peut produire des accidents? (2) — Comment se débarrasse-t-on de l'acide carbonique? (2) — Quelle précaution faut-il prendre pour pénétrer dans un lieu qu'on soupçonne contenir de l'acide carbonique? (2) — Prouvez qu'il se produit de l'acide carbonique par la respiration? (3) — Quelle est l'origine de cet acide carbonique? (3) — Quel est le rôle des aliments? (5) — Pourquoi le besoin d'aliments se fait-il plus vivement sentir en hiver? (5) — Combien l'homme produit-il de gaz carbonique en vingt-quatre heures? (3) — A quel poids de charbon correspond ce volume de gaz? (3) — Quelle est la cause de la chaleur naturelle du corps (5) — Qu'appelle-t-on combustion lente? (4) — Produit-elle les mêmes résultats que la combustion vive? (4) — Pourquoi la chaleur d'une combustion lente n'est-elle pas toujours sensible? (5) — Quelles sont les principales sources d'acide carbonique? (6) — Dites ce que vous savez sur la quantité d'acide carbonique produite par la population entière de la terre, — par la combustion lente du fumier, — par la combustion de la houille, — par les volcans? (6).

CINQUIÈME LEÇON

RESPIRATION DES PLANTES

1. D'après ce qu'on vient de vous dire, il doit y avoir de l'acide carbonique dans l'air. Il est très-facile de le vérifier. Soufflez de l'air dans de l'eau de chaux, non plus avec la bouche, mais avec un soufflet dont la buse soit armée d'un tuyau un peu long, ou, à son défaut, d'une paille. En prolongeant un peu l'opération, vous finirez par voir l'eau blanchir. Il y a donc du gaz carbonique dans l'air, mais la quantité en est bien inférieure à celle qu'on serait en droit d'attendre. En effet, sur 2 000 litres d'air, il y a, tout au plus, 1 litre de gaz carbonique. Ce résultat est le même en tout temps, en tout lieu. Puisque l'acide carbonique, loin de s'accumuler dans l'atmosphère, s'y trouve en quantité minime et invariable, il faut qu'à mesure qu'il se produit, il soit employé dans quelque opération naturelle. Nous nous rendrons compte de sa disparition au moyen de l'expérience suivante.

2. L'acide carbonique est un peu soluble dans l'eau. Divers liquides qui moussent doivent cette propriété et leur légère saveur piquante au gaz carbonique qu'ils tiennent en dissolution. Tels sont : l'eau de Seltz, la limonade gazeuse, le cidre, la bière, etc. Préparons du gaz carbonique par le moyen indiqué dans la troisième leçon. Ensuite, transvasons-le dans un flacon propre, en verre blanc et à large ouverture; laissons dans ce flacon une couche d'eau de quelques travers de doigt d'épaisseur, et agitons. Le gaz se dissoudra. Nous obtenons ainsi une espèce d'eau de Seltz très-faible. On achève alors de remplir le flacon avec de l'eau ordinaire, on le bouche avec la main, et l'on en plonge l'ori-

fice dans l'eau d'un baquet. Puis on introduit dans le flacon,
en opérant toujours sous l'eau, un petit rameau coupé récemment et couvert de feuilles bien vertes. Enfin on s'arrange
pour que le flacon ainsi préparé
reste droit dans un plat plein d'eau,
avec l'orifice immergé (fig. 4). Il
n'y a plus qu'à exposer le tout aux
rayons directs du soleil pendant
quelques jours. Peu à peu la surface
inférieure des feuilles se couvre de
petites bulles qui gagnent le haut
du flacon, et finissent par y former
une couche gazeuse. En recueillant
ce gaz, on constate qu'une allumette continue à y brûler, et avec
plus d'éclat qu'à l'air libre ; ce qui

Fig. 4.

signifie que ce gaz est de l'oxygène. Donc l'acide carbonique dissous dans l'eau a été décomposé, par les feuilles
du rameau, en ses deux éléments, l'oxygène et le charbon.
L'oxygène s'est dégagé sous forme de bulles gazeuses ; quant
au charbon, comme il n'est pas dans l'eau, il doit néces-
sairement se trouver dans le rameau.

3. Je vous ai recommandé d'exposer le flacon aux rayons
directs du soleil. En effet, si vous l'aviez mis à l'ombre, et
encore mieux dans l'obscurité, le dégagement d'oxygène
n'aurait pas eu lieu ; c'est-à-dire que l'acide carbonique n'aurait pas été décomposé. Il ne l'aurait pas été davantage si,
au lieu de feuilles vertes, vous vous étiez servis de fleurs de
n'importe quelle couleur. Il n'y a que les feuilles vertes qui
soient capables de cette décomposition. Nous résumerons ce
fait remarquable comme il suit : sous l'influence de la lumière solaire, les feuilles vertes des végétaux décomposent
l'acide carbonique, en dégagent l'oxygène et en gardent le
charbon.

4. Ce que je viens de vous dire de l'acide carbonique dis-

sous dans l'eau, s'applique également à l'acide carbonique répandu dans l'air. Pendant le jour, sous l'influence du soleil, les feuilles s'en emparent, le respirent pour ainsi dire, et le décomposent pour en conserver le charbon et en exhaler l'oxygène. Ce fait est connu sous le nom de *Respiration des plantes*, bien qu'il soit l'inverse de la respiration des animaux. En effet, les animaux puisent de l'oxygène dans l'air et exhalent de l'acide carbonique; les végétaux, au contraire, prennent cet acide carbonique et rejettent de l'oxygène. Vous ne pouvez manquer d'arrêter votre esprit sur ce qu'il y a d'admirable dans cet échange continuel entre les animaux et les plantes. L'harmonie des œuvres de Dieu se manifeste pleinement ici. Sans interruption, l'ensemble des animaux verse dans l'atmosphère des torrents d'acide carbonique qui finirait par la rendre irrespirable et mortelle; mais, incessamment aussi, les végétaux puisent, pour leurs propres besoins, cet acide carbonique, et le remplacent par une quantité équivalente d'oxygène. L'équilibre est ainsi établi.

5. Ce n'est pas seulement par les feuilles que les végétaux puisent de l'acide carbonique, ils en absorbent aussi au moyen de leurs racines. Vous savez que toute matière en décomposition, que le fumier, par exemple, brûle lentement au contact de l'air et se convertit en acide carbonique. Si le fumier est enfoui dans la terre, sa combustion lente pourra encore se faire, pourvu que la terre soit légère, facile à traverser par l'air, en un mot *meuble*, comme on dit en agriculture. Or, si les racines d'une plante plongent dans une pareille terre fumée, elles seront enveloppées par l'acide carbonique se dégageant lentement du fumier, et elles se trouveront dans les meilleures conditions de prospérité. L'air renfermé dans les interstices d'une terre moyennement fumée renferme, à une profondeur de quelques décimètres, une quantité d'acide carbonique près de vingt-cinq fois plus grande que celle qui se trouve dans l'air ordinaire, dans le-

quel plongent les feuilles. L'acide carbonique puisé dans le sol par les racines, s'élève à travers la plante jusque dans les feuilles, et c'est uniquement là qu'il est décomposé sous l'action du soleil.

6. Lorsqu'une plante n'éprouve pas l'influence de la lumière solaire, elle peut bien toujours puiser de l'acide carbonique dans le sol au moyen des racines, mais ce gaz n'est plus décomposé, et la plante languit affamée. Alors elle s'allonge beaucoup, comme si elle recherchait la lumière qui lui manque; son écorce, ses feuilles blanchissent; enfin elle périt. Cet état maladif, occasionné par la privation de lumière, s'appelle *étiolement*. On le provoque en horticulture pour obtenir du jardinage plus tendre, pour amoindrir et même pour faire disparaître en entier la saveur trop forte et déplaisante de quelques plantes. C'est ainsi qu'on lie avec un jonc les salades, dont le cœur privé de lumière devient plus tendre et plus blanc : c'est ainsi encore qu'on enterre en grande partie le céleri et les cardons, dont la saveur serait insupportable sans ce traitement.

7. En résumé : les végétaux se nourrissent d'acide carbonique, puisé par les feuilles dans l'air et par les racines dans le sol. Les feuilles seules sont chargées de la décomposition de ce gaz, sous l'influence des rayons du soleil. Le charbon provenant de cette décomposition contribue à la formation de la sève, qui est le sang des végétaux ; et c'est avec cette sève que se forment les différentes parties de la plante, le bois, les fleurs, les fruits, les graines. Vous avez de la peine à croire que ce soit avec du charbon, substance nullement bonne à manger, que les plantes forment leurs fruits et leurs graines, d'où nous tirons une grande partie de notre nourriture. Rien n'est cependant plus simple que de vous convaincre de l'abondante quantité de charbon contenue dans nos aliments. Lorsque vous faites cuire une poire sur la cendre chaude, n'est-il pas vrai que, si la chaleur est trop forte et trop prolongée, la poire se réduit en char-

bon? N'est-il pas vrai encore que le pain qu'on fait griller se réduit en charbon sur les points trop chauffés? Il y a
donc du charbon dans une poire, il y en a aussi dans le blé
qui a servi à faire le pain. On peut même affirmer qu'il y en
a beaucoup, car, en prolongeant l'opération, vous finirez
par obtenir un bloc de charbon qui pèsera, il est vrai, moins
que la poire, moins que le morceau de pain, mais qui sera
presque aussi volumineux. Si le charbon pèse moins que le
pain d'où il provient, cela résulte de ce que ce dernier
renferme en outre d'autres substances que la chaleur fait
dégager sous forme de fumée. Cette fumée contient, en effet,
deux gaz que nous connaissons déjà : l'oxygène et l'azote ;
elle contient de plus un troisième gaz appelé *Hydrogène*,
dont l'étude va bientôt nous occuper. Et voilà tout.

8. Trois gaz, oxygène, hydrogène et azote, et un corps
solide, le charbon, constituent le pain, et en général toutes
les substances alimentaires. Cependant aucun de ces quatre
corps pris isolément ne peut en aucune manière servir de
nourriture ; mais, réunis tous les quatre, combinés enfin, ils
acquièrent dans leur ensemble de nouvelles propriétés, et ils
forment alors les aliments de l'homme, le pain, les fruits,
les légumes et même la viande. C'est étonnant, c'est incroya-
ble, c'est tout ce que vous voudrez, et cependant rien n'est
plus exact. Lorsque vous faites griller du pain, de la
viande, etc., savez-vous ce qui se passe? Ce pain, cette
viande, se décomposent : le charbon, l'un de leurs éléments, reste seul, tandis que les autres, formant de nouvelles combinaisons, s'échappent en fumée. La chaleur ne
crée pas le charbon, ne le forme pas : elle le met en liberté,
elle l'isole, elle le sépare des autres éléments qui s'exhalent
en fumée. Il est bien entendu qu'après cette séparation, ni
le pain ni la viande ne sont bons à manger; ou plutôt, vous
n'avez plus ni pain ni viande, mais du charbon et de la
fumée.

9. Vous savez peut-être comment se fait le charbon em-

ployé aux usages domestiques. Dans les forêts, on dresse de grands tas de bûches qu'on recouvre de mottes de gazon. On met le feu à ces tas, dont la combustion se fait d'une manière incomplète, parce que la circulation de l'air y est entravée par les mottes de gazon qui les recouvrent. Le résultat de cette opération est le charbon, conservant la forme des bûches qui ont servi à le faire. Tout ce charbon était contenu dans le bois, il n'y a pas à en douter. Le bois s'est comporté comme le pain grillé : un seul de ses éléments est resté, c'est le charbon ; les autres se sont dissipés en fumée. Or, les arbres qui ont fourni ce bois ont pris la majeure partie de leur charbon à l'acide carbonique de l'air. De là, ce résultat non moins incontestable qu'inattendu : le charbon que nous brûlons vient de l'air. Ce n'est pas tout : ce charbon est brûlé ; il se change en acide carbonique, qui retourne dans l'atmosphère, et cet acide carbonique va servir à faire de nouveaux arbres, qu'on brûlera encore ; et ainsi de suite indéfiniment. Ainsi, c'est le même charbon qui tour à tour, sous forme d'acide carbonique, passe de l'air dans les végétaux par l'effet de la respiration, et revient des végétaux dans l'atmosphère par l'effet de la combustion, de la décomposition, de la pourriture. Il ne se crée plus de charbon, mais il ne s'en perd pas une parcelle dans l'univers entier. Le même charbon va et vient, se distribuant tantôt aux plantes, tantôt aux animaux, tantôt à l'atmosphère, réservoir commun où tous les êtres vivants puisent pour quelques jours une partie des substances qui les composent. Ce que je vous dis du charbon s'applique également aux autres corps simples, à l'azote, à l'oxygène, à l'hydrogène, etc. Aucun d'eux ne se crée aujourd'hui, mais aucun d'eux ne s'anéantit. Par suite de combinaisons excessivement variées, ils peuvent prendre toutes sortes de formes, et échapper même à nos sens ; mais la raison nous apprend qu'ils sont toujours présents en même quantité. Arrêtons-nous, enfants, sur les importantes conséquences où nous a amenés la combustion d'un peu de bois. Réfléchissez un instant avec quel soin Dieu, le créateur de toutes choses, a pris ses mesures pour la parfaite conservation de la matière, la moindre de ses œuvres. Que sera-ce donc de l'âme humaine, son chef-d'œuvre? Pouvait-il faire moins que de lui accorder l'indestructibilité d'une parcelle de charbon?

QUESTIONNAIRE

Comment reconnaît-on qu'il y a de l'acide carbonique dans l'air? (1) — Combien y en a-t-il? (1) — Quelle est la cause qui fait mousser l'eau de Seltz, la bière, etc.? (2) —Comment reconnaît-on que l'acide carbonique est décomposé par les plantes? (2) — Que devient le charbon? (2) — Que devient l'oxygène? (2) — Toutes les parties d'une plante décomposent-elles l'acide carbonique? (3) — La lumière du soleil est-elle nécessaire pour cette décomposition? (4) — Qu'appelle-t-on respiration des plantes? (4) — En quoi diffère-t-elle de la respiration des animaux? (4) — Comment se fait-il que l'atmosphère ne soit pas à la longue viciée par l'acide carbonique? (4) — Les racines absorbent-elles de l'acide carbonique? (5) — D'où provient l'acide carbonique d'une terre fumée? (5) — Combien d'acide carbonique contient l'air renfermé dans les interstices d'une terre moyennement fumée? (5) — Qu'est-ce que l'étiolement? (6) — Comment vous assurez-vous qu'il y a du charbon dans les fruits, le pain, etc.? (7) — Quels sont les éléments qui entrent dans les substances alimentaires? (8)— Que savez-vous sur la répartition du charbon entre les animaux, les plantes et l'atmosphère? (9)

SIXIÈME LEÇON

L'EAU

1. Les anciens croyaient que les éléments des corps étaient au nombre de quatre : l'air, l'eau, la terre et le feu. On répète encore cela de nos jours. Voyez, dit-on, ce qui se passe quand on met une bûche dans le foyer. De la flamme se dégage, voilà le feu; de la fumée s'exhale, voilà l'air ; la bûche pleure par une extrémité, voilà l'eau ; enfin, il se fait un peu de cendres, voilà la terre. Comme après cela il ne reste plus rien de la bûche, il faut bien que celle-ci ait été réduite en ses éléments. Je vous ai déjà dit qu'on doit entendre par corps simples ou éléments les substances qu'on ne peut décomposer. Le charbon, l'oxygène, etc., sont des éléments. Les corps composés, au contraire, sont ceux que l'on peut décomposer, d'où l'on peut extraire plusieurs substances différentes. L'acide carbonique est un corps composé, la craie également. L'air atmosphérique lui-même est composé, puisqu'il renferme de l'oxygène et de l'azote, sans compter d'autres matières, comme le gaz carbonique. La fumée qui s'échappe de la bûche n'est pas de l'air; toutefois c'est encore un corps composé et bien plus compliqué que l'air atmosphérique. La flamme n'est pas un corps spécial : c'est un jet de matière gazeuse chauffée jusqu'à devenir lumineuse. Or, comme une foule de gaz, tant simples que composés, peuvent ainsi devenir lumineux, on ne peut pas dire que la flamme, que le feu soit un élément. Les cendres renferment une foule de substances, dont quelques-unes nous occuperont; elles ne forment donc pas un élément. L'eau, à son tour, est composée, ainsi que vous allez le voir. A ce compte, il n'y a

rien de vrai dans les quatre prétendus éléments. Arrivons à l'étude de l'eau.

2. L'eau est l'opposé du feu, l'eau éteint le feu : voilà ce qu'on dit chaque jour, sans se douter qu'à la rigueur, dans ces paroles, il y a de graves erreurs. Je ne veux pas nier que l'eau, le plus souvent, soit apte à éteindre le feu ; cependant, avant de se former une conviction définitive à ce sujet, veuillez me suivre chez le forgeron du voisinage. Voici le brave homme à sa forge, occupé à chauffer une grosse pièce de fer. La main à la chaine du soufflet, il souffle, il souffle jusqu'à suer à grosses gouttes ; mais la barre de fer ne s'échauffe pas comme il le voudrait, le foyer n'est pas assez ardent. Alors il prend un chiffon trempé dans l'eau et placé au bout d'un bâton, et il arrose son feu, il humecte son charbon. Mais il perd la tête, le digne homme ; le feu n'est pas assez vif, et il s'avise d'y mettre de l'eau ! Son foyer va décidément s'éteindre. Pas du tout. Voici que des languettes de flamme bleue s'élancent du charbon, qui frémit au contact de l'eau ; sous le courant d'air du soufflet, la chaleur gagne de proche en proche, et, en peu d'instants, le brasier est ardent, la barre est rouge de feu. Le forgeron vient de nous apprendre qu'avec de l'eau on peut aviver le feu.

3. Après cela, vous aurez moins de peine à me croire si je vous dis que, dans l'eau, il y a la substance indispensable à toute combustion, l'oxygène, ce gaz au milieu duquel le charbon et le fer même brûlent avec une incomparable vivacité. Il y a aussi dans l'eau un autre gaz appelé *Hydrogène*, au milieu duquel le charbon ne peut brûler, mais qui brûle lui-même, au contact de l'air, avec une facilité qu'aucun autre corps ne présente au même degré. C'est chose très-facile que de retirer l'hydrogène de l'eau ; mais il faut, de toute nécessité, une substance qu'on ne trouve guère que dans les villes et qu'il faut manier avec les plus grandes précautions. C'est l'*Acide sulfurique* ou huile de vitriol.

L'acide sulfurique est un liquide lourd, d'apparence huileuse, d'une saveur aigre intolérable. Il brûle, il corrode la peau et les habits comme le feu. Le maître seul a le droit de manier ce liquide terrible. Voici toutefois comment se fait l'expérience. On met de la limaille de fer, ou mieux de petits morceaux de zinc, dans un verre qu'on emplit à moitié d'eau ; puis on ajoute avec précaution et goutte à goutte de l'acide sulfurique. L'eau s'échauffe jusqu'à faire casser le verre, s'il n'est pas solide, et se met à bouillir. Cette ébullition est due au dégagement du gaz hydrogène. Si vous approchez une mèche de papier allumée des vessies gazeuses qui se forment à la surface, elles s'enflamment aussitôt avec une légère explosion, et brûlent en répandant une pâle lueur. On peut répéter un très-grand nombre de fois ces petites détonations.

4. Si cette expérience n'est pas possible, en voici une autre complétement inoffensive, et que vous pouvez faire partout, sans drogues et sans instruments. Rendez-vous au bord d'un fossé plein d'eau, et dont le fond soit garni de boue noire. Avec un bâton, remuez cette boue ; il s'en échappera des bulles gazeuses qui viendront former des vessies à la surface de l'eau. Ces vessies prennent feu au contact du papier allumé, détonent très-légèrement, et brûlent avec une flamme si pâle, qu'il faut être bien dans l'ombre pour l'apercevoir.

Le gaz en question n'est pas précisément de l'hydrogène, c'est de l'hydrogène combiné avec du charbon. On lui donne le nom d'*Hydrogène carboné*. Il résulte de la décomposition des matières végétales dans l'eau. Ses propriétés ne diffèrent pas beaucoup de celles de l'hydrogène, et peuvent vous donner une idée assez exacte du gaz que vous auriez obtenu avec le secours de l'acide sulfurique.

5. Si l'eau se compose d'oxygène et d'hydrogène, nous avons l'explication de ce qui se passe dans la forge dont on humecte le charbon. Au contact du mâchefer incandescent,

l'eau se décompose en oxygène, qui donne à la combustion du charbon une grande activité, et en hydrogène, qui lui-même brûle avec la plus grande facilité.

Il faut compléter ces notions sur l'hydrogène en apprenant qu'il n'a pas d'odeur, pas de couleur, et qu'il est le plus léger de tous les corps connus. Il ne pèse que 1 décigramme par litre, tandis que l'air en pèse 13. Cette grande légèreté de l'hydrogène le fait employer pour gonfler les aérostats. Une bougie allumée qu'on plonge dans l'hydrogène s'y éteint, tandis que le gaz brûle lui-même dans les couches en contact avec l'air. Un animal périt dans un flacon plein d'hydrogène. Ce double résultat doit être généralisé : rappelons-nous que, dans tous les gaz autres que l'oxygène et l'air ordinaire, la combustion et la respiration sont impossibles.

Lorsque l'hydrogène brûle, il se combine avec l'oxygène, et, de cette combustion, résulte de l'eau. Il faut des volumes énormes de ces gaz pour faire un peu d'eau ; vous en jugerez par les nombres suivants : si l'eau contenue dans 1 litre était réduite en ses deux éléments, on obtiendrait 1 110 litres d'hydrogène et 555 litres d'oxygène ; en tout, 1 665 litres de substances gazeuses.

6. L'eau peut affecter trois états différents, suivant sa température : l'état de glace, l'état ordinaire ou liquide, et l'état gazeux lorsqu'elle est réduite en vapeur.

La glace occupe plus d'espace que l'eau liquide d'où elle provient. Lorsque, par une forte gelée d'hiver, on expose au dehors un vase plein d'eau et bien bouché, une bouteille, par exemple, l'eau se gèle ; et, comme la glace tend à occuper un plus grand volume, les parois sont repoussées avec une force irrésistible. Alors la bouteille se rompt, le col obstrué par le bouchon ne pouvant donner passage au trop-plein. On appelle *Force expansive* cette augmentation de volume. La force expansive de la glace occasionne des dégâts et rend à la fois des services en agriculture. Certaines pierres qu'on fait entrer dans les constructions s'imbibent d'eau à la surface. S'il survient du froid, l'eau emprisonnée dans la pierre augmente de volume en se congelant, presse de toutes parts, et finalement réduit en poudre la couche extérieure de la pierre. Ceci se répétant chaque hiver, les constructions faites avec ces pierres sont en peu d'années profondément détériorées. Il faut éviter l'emploi de ces matériaux, qu'on appelle *Pierres gélives*.

7. On explique de la même manière l'effet meurtrier de la gelée sur les plantes. Si vous regardez attentivement la section d'un rameau de vigne sec et coupé avec netteté, vous verrez une foule de très-petits orifices dans lesquels un crin pourrait tout au plus s'engager. Ces orifices correspondent à autant de canaux très-allongés ou *Vaisseaux* dans lesquels la sève circule dans la belle saison, comme le sang circule dans les veines des animaux. S'il vient à geler pendant que ces vaisseaux sont pleins de sève, l'expansion de la glace les déchire, et la plante périt.

À la même cause se rattache l'avantage suivant : lorsqu'on fait des défoncements ou des labours profonds, on amène, à la surface du sol, de la terre qui, pour être favorable à la végétation, doit s'ameublir, c'est-à-dire se diviser facilement pour offrir un libre passage aux racines des futures récoltes. L'eau des pluies pénètre d'abord les mottes trop compactes, et, s'il survient des gelées, l'expansion de la glace a bientôt réduit ces mottes en poudre. C'est ce qui fait dire que la pluie et la gelée mûrissent les terres. L'automne est donc la saison propice aux défoncements et aux labours profonds.

QUESTIONNAIRE

Que faut-il penser des quatre prétendus éléments, l'eau, l'air, la terre et le feu? (1) — Quels sont les éléments de l'eau? (5) Qu'est-ce que l'hydrogène? (5) — Comment le retire-t-on de l'eau?

(3) — Quelles sont ses propriétés? (3) et (3) — Quel est le gaz qui se dégage de la vase des fossés? (4) — Quel est le poids d'un litre d'air? (5) — Quel est le poids d'un litre d'hydrogène? (5) — Avec quel gaz gonfle-t-on les aérostats? (5) — Quelle est l'action de l'eau avec laquelle on humecte le charbon d'une forge? (2) et (5) — Que se produit-il quand on brûle de l'hydrogène? (5) — Combien, dans un litre d'eau, y a-t-il de litres d'oxygène et d'hydrogène? (5) — Sous combien d'états l'eau peut-elle se présenter? (6) — Qu'appelle-t-on force expansive de la glace? (6) — Qu'est-ce que les pierres gélives? (6) — Quelle est l'action de la gelée sur les plantes? (7) — Comment les terres se mûrissent-elles par l'action de la gelée? (7)

SEPTIÈME LEÇON

L'EAU

(SUITE)

1. La chaleur réduit l'eau en vapeur. Tantôt cette vapeur est visible et sous forme de brouillard, tantôt elle est complétement invisible. En toute saison, mais particulièrement en été, il y a dans l'air de la vapeur invisible. Si la température se refroidit, l'air ne peut plus tenir en dissolution toute l'eau qu'il contenait d'abord à l'état de vapeurs invisibles, et une partie de ces vapeurs passe à l'état de brouillard ou même redevient liquide. On peut s'en assurer au moyen d'une carafe pleine d'eau bien fraîche, et dont on a essuyé avec soin l'extérieur avec un linge. A peine une telle carafe est-elle, en été, exposée à l'air, qu'elle se couvre d'un léger brouillard qui en ternit la limpidité; enfin ce brouillard se réduit en gouttelettes ruisselant sur le ventre de la carafe.

ces gouttes d'eau proviennent de l'air qui s'est refroidi au contact de la carafe, et a permis ainsi aux vapeurs invisibles qu'il contenait de se rassembler en gouttes liquides.

2. Les vapeurs visibles forment les nuages, dont la coloration variée est un simple jeu de lumière. Qui d'entre vous ne désire savoir comment se forme ce cortége de nuages qui accompagne parfois le soleil couchant, et dont la splendeur n'a rien de semblable en ce monde? Ces nuages resplendissants, devant lesquels l'éclat de toute chose terrestre pâlit, ne sont qu'un peu de vapeur d'eau que traverse un rayon de soleil.

3. L'énorme surface de la mer, chauffée pendant le jour par la chaleur solaire, fournit à l'air sa vapeur invisible et ses nuages. Plus tard, à la suite d'un refroidissement survenu dans les hauteurs de l'atmosphère, ces nuages retombent en pluie, et, chassés par le vent, ils voyagent comme d'immenses arrosoirs au-dessus de la terre, qu'ils fécondent. A leur tour, les pluies, les neiges, déversées par les nuages, donnent naissance aux fleuves, qui charrient sans cesse leurs eaux à la mer; de sorte qu'il s'effectue un courant continuel qui, né de la mer, retourne à la mer, après avoir traversé l'atmosphère sous forme de nuages, arrosé la terre à l'état de pluie, et parcouru les continents à l'état de fleuves. La mer est le réservoir commun des eaux, comme l'atmosphère est le réservoir commun des gaz. Fleuves, sources, fontaines, mince filet d'eau, tout vient de la mer, tout y retourne. L'eau que vous buvez, l'eau qui circule avec la séve des plantes, l'eau qui perle en gouttelettes sur votre front en transpiration, tout cela vient de la mer et est en route pour y revenir. Si minime que soit la gouttelette, ne craignez pas qu'elle s'égare en route. Si le sable aride la boit, le soleil saura bien l'en tirer et l'envoyer rejoindre la grande masse de vapeurs de l'atmosphère. Pour l'eau, comme pour le charbon, comme pour toutes choses, vous le voyez encore, rien ne se perd. Il y a un Œil qui, embrassant l'univers dans son immensité,

veille aussi bien à la conservation du moindre grain de poussière qu'à la conservation du Soleil, plus d'un million de fois
aussi gros que la Terre.

4. Une difficulté vous peut venir à l'esprit. Si toute l'eau
vient de la mer, comment se fait-il que l'eau des sources, des
fleuves, etc., soit douce et non salée, comme celle de la mer?
Cette difficulté n'en est pas une. Si vous faites bouillir de
l'eau salée, les vapeurs qui se formeront à ses dépens ne
renfermeront pas trace de sel. Vous pouvez vous en assurer avec les gouttes d'eau que ces vapeurs laissent amasser
sur le fond du couvercle du vase où se fait l'évaporation.
Cela provient de ce que le sel ne peut pas se réduire en vapeurs. En continuant de faire bouillir votre eau salée, toute
l'eau partirait en vapeurs, et le sel resterait à sec au fond du
vase.

Après l'air, l'eau est la substance la plus nécessaire tant
aux plantes qu'aux animaux. Elle fait partie du corps des
animaux : le sang en renferme beaucoup. Elle fait aussi partie
des végétaux : la séve en contient abondamment. Le principal rôle de l'eau dans la végétation, c'est de dissoudre les
matières nécessaires à la vie des plantes, et de leur permet-
tre ainsi de circuler dans les vaisseaux étroits qui sont pour
la plante ce que les veines et les artères sont pour l'animal.

5. L'eau parfaitement pure ne renferme que les deux
corps que je vous ai fait connaître : l'oxygène et l'hydrogène.
Mais jamais, dans la nature, elle ne se présente avec ce degré de pureté, pas même celle qui tombe des nuages. L'eau
de pluie, cependant, recueillie en plein air et non sous les
gouttières des toits, est celle qui se rapproche le plus de la
pureté parfaite. L'eau des sources, des puits et de tous les
cours d'eau, renferme toujours en dissolution diverses matières étrangères, dont on constate la présence comme il suit.
On met un litre ou davantage de cette eau sur le feu, dans un
vase qui puisse résister, même quand tout le liquide sera
parti. Par la chaleur, l'eau se vaporise et se dissipe dans

l'air. Quand le fond du vase est à sec, on y trouve une légère croûte blanche assez difficile à détacher, formée par les matières que l'eau tenait en dissolution, et que la chaleur n'a pu chasser, parce qu'elles ne sont pas susceptibles de se réduire en vapeurs ou de se volatiliser. Ces matières sont de deux sortes : des matières minérales et des matières organiques. Les matières organiques proviennent de la décomposition des débris végétaux ou animaux qui ont séjourné dans l'eau; les matières minérales proviennent du sol. On peut aisément reconnaître si le résidu laissé par l'eau renferme des matières organiques. Il suffit de le détacher du vase et de le mettre dans un tesson sur quelques charbons allumés. S'il noircit, c'est une preuve qu'il renferme des substances organiques. En effet, ces substances se décomposent par l'action de la chaleur et laissent du charbon en liberté, comme on l'a vu pour le pain. S'il ne noircit pas, il ne renferme que des matières minérales.

6. Ces matières sont généralement du carbonate de chaux et du sulfate de chaux. Vous n'avez pas oublié que le carbonate de chaux est la même chose que le calcaire, la craie, la pierre à chaux ; et que le sulfate de chaux est la pierre à plâtre ou gypse. Comme le sol renferme très-souvent du carbonate de chaux, soit en couches immenses, soit en menues parcelles, l'eau dont le lit est creusé dans un sol pareil dissout en petite quantité cette substance, et prend le nom d'*Eau calcaire*. On appelle *Eau gypseuse* l'eau qui, ayant coulé dans un sol plus ou moins riche en gypse, s'est chargée de cette matière. Pour pouvoir servir à la boisson, une eau doit contenir de l'air en dissolution ou être aérée ; elle doit être sans saveur et ne pas renfermer des matières organiques dissoutes, c'est-à-dire que le résidu qu'elle laisse par l'évaporation ne doit pas noircir quand on le chauffe fortement. Une eau trop calcaire ou trop gypseuse est également impropre à la boisson ; elle est de digestion difficile et occasionne des maux d'estomac.

3.

7. Elle est également impropre au savonnage. Dans une eau pareille, le savon se dissout mal et produit des flocons ou grumeaux, qui sont des combinaisons du savon avec les matières minérales dissoutes dans l'eau. Dans l'eau de pluie, le savon se dissout très-bien en lui communiquant une teinte blanche assez légère. Enfin, dans une eau gypseuse, les légumes, pois, haricots, etc., cuisent fort mal. On remédie à cet inconvénient en mettant dans la marmite quelques pincées de bonnes cendres ordinaires, renfermées dans un nouet de linge. Les cendres agissent par une substance appelée *Carbonate de potasse*. Ce nouveau corps est encore un sel, formé d'acide carbonique et d'une base appelée *Potasse*. Si cela est, les cendres doivent faire effervescence avec les acides, comme le font tous les carbonates. C'est ce qui a lieu : en versant du vinaigre sur des cendres, vous verrez se produire une effervescence pareille à celle qu'on observe avec de la craie.

8. J'ai dit plus haut que le calcaire se dissout en petite quantité dans l'eau. C'est là un fait important qui mérite quelques développements. Quand on souffle avec la bouche dans de l'eau de chaux, vous savez qu'il se produit un trouble dû à la formation de la craie. En continuant de souffler, le trouble disparait et l'eau redevient plus ou moins limpide, preuve de la dissolution de la craie. D'abord, l'acide carbonique exhalé par la bouche s'est emparé de la chaux pour faire de la craie; puis, l'acide carbonique continuant d'arriver et ne trouvant plus de chaux pour s'y combiner, ce gaz s'est tout simplement dissous dans l'eau. C'est alors qu'a eu lieu la dissolution de la craie. Donc, l'eau qui renferme de l'acide carbonique est capable de dissoudre de la craie ou du calcaire, ce qui est la même chose. Il faut se rappeler aussi que l'eau chargée d'acide carbonique est apte à dissoudre divers sels qu'elle ne saurait dissoudre sans cela, comme le phosphate de chaux et autres composés nécessaires aux plantes. Or, l'eau, toujours en rapport avec l'atmosphère, ne peut man-

quer de lui prendre une partie de son acide carbonique, et c'est grâce à cet acide que beaucoup de matières minérales se trouvent en dissolution dans l'eau, et peuvent ainsi pénétrer dans les plantes par leurs racines. Mais c'est surtout en traversant une terre convenablement fumée que l'eau se charge d'acide carbonique; car, vous le savez, l'air emprisonné dans cette terre en renferme une quantité considérable, due à la combustion lente des matières organiques en décomposition.

QUESTIONNAIRE

Comment reconnait-on qu'il y a de la vapeur d'eau invisible dans l'air? (1) — Qu'est-ce que les nuages? (2) — D'où vient leur coloration? (2) — Quel est le rôle de la mer dans la distribution de l'eau à la surface de la terre? (3) — Pourquoi l'eau des pluies n'est-elle pas salée, puisqu'elle vient de la mer? (4) — Comment reconnait-on qu'il y a des matières étrangères dans l'eau? (5) Comment reconnait-on la présence dans l'eau des matières organiques? (5) — Qu'est-ce qu'une eau calcaire, — gypseuse? (6) — A quelles conditions doit satisfaire une eau pour être propre à la boisson? (6) — Quelles sont les eaux impropres au savonnage? (7) — Quelles sont les eaux impropres à la cuisson des légumes? (7) — Comment remédie-t-on au vice de ces eaux? (7) — Qu'est-ce que le carbonate de potasse? (7) — Dans quelles circonstances le calcaire se dissout-il dans l'eau? (8) — Que doit contenir l'eau pour être apte à dissoudre le phosphate de chaux et autres sels nécessaires aux récoltes? (8) — Où l'eau puise-t-elle l'acide carbonique? (8)

HUITIÈME LEÇON

L'AMMONIAQUE

1. A coup sûr, vous avez vu, un jour ou l'autre, une troupe de ces étameurs ambulants qui établissent leur modeste atelier en plein air au pied d'un mur, allument quelques charbons entre deux pierres, et réparent les ustensiles de cuisine que vos mères leur ont confiés. Avez-vous bien observé comment ils font pour blanchir avec de l'étain l'intérieur d'une casserolle? Ils la nettoient bien d'abord, ils l'écurent avec du sable, puis la chauffent et la frottent avec une matière blanche qui fume beaucoup au contact du métal chaud. C'est alors que l'étain fondu est promené partout avec un tampon d'étoupe, et la casserole est étamée. Qu'est-ce que cette matière blanche que l'étameur plie avec soin dans du papier, quand il a fini de s'en servir? On dirait que c'est du sel ordinaire. Si vous demandez au pauvre homme le nom de cette matière, il vous répondra : *Sel ammoniac*. Je n'affirmerais pas cependant que le mot ne fût quelque peu estropié, l'étameur n'étant pas en général bien fort en grammaire et encore moins en chimie.

2. Si l'étameur est assez bon pour vous donner une pincée de sel ammoniac, allez vite vous procurer un peu de chaux vive que vous réduirez en poudre et que vous mélangerez avec votre sel ammoniac. Ajoutez quelques gouttes d'eau et broyez le tout sur une assiette; puis flairez. Grand Dieu! quelle odeur étourdissante! On croirait qu'une poignée de fines aiguilles vous entre dans les narines. Les yeux deviennent tout rouges, les larmes coulent, on rit et on pleure tout à la fois.

Cette odeur si vive, si pénétrante, qui fait rougir les yeux et provoque les larmes, est due à un corps bien curieux et surtout bien utile qu'on appelle *Ammoniaque*, et qui, dans la matière de l'étameur, se trouve combiné avec un acide appelé acide chlorhydrique. De là, le nom de *Chlorhydrate d'ammoniaque*, que porte aussi le sel ammoniac.

3. Mais il ne passe pas des étameurs tous les jours; puis, il faut le dire, ces bonnes gens pourraient ne pas être disposés à vous donner du sel ammoniac. Comment faire alors pour lier connaissance avec l'ammoniaque? Le voici. Ne vous est-il jamais arrivé, en entrant dans des lieux d'aisance, d'être saisis par une odeur pénétrante, qui malgré vous vous faisait pleurer; en vous arrêtant, dans la chaude saison, dans un de ces recoins où urinent les passants, n'avez-vous pas quelquefois retrouvé la même odeur? Eh bien, cette odeur, c'est encore celle de l'ammoniaque. Mais, dans les deux cas actuels, l'ammoniaque ne vient pas du sel ammoniac; elle provient de la décomposition de l'urine. Notez bien que l'urine récente n'a nullement cette odeur; ce n'est qu'autant qu'elle est en putréfaction qu'elle dégage l'odeur ammoniacale.

4. L'ammoniaque est composée d'azote et d'hydrogène. Je ne chercherai pas à vous le démontrer; c'est trop difficile pour vous. C'est un corps gazeux, excessivement soluble dans l'eau. Un litre d'eau peut dissoudre de 600 à 700 litres de ce gaz. L'eau ainsi préparée porte elle-même le nom d'ammoniaque, et plus communément, celui d'*Alcali volatil*. C'est un liquide incolore, possédant à un haut degré l'odeur de l'ammoniaque à l'état gazeux. Dans l'usage domestique, on l'emploie quelquefois pour enlever les taches produites par l'huile, la graisse, etc. Si jamais vous veniez à tacher vos habits en rouge par le contact d'un acide bien fort, comme l'est l'acide sulfurique, vous feriez disparaître la tache avec une goutte d'ammoniaque. On l'emploie encore, en compresses, pour combattre très-efficacement la morsure ou la piqûre

des animaux venimeux, de la vipère, du scorpion, des guêpes, des frelons, etc. Un litre d'eau additionné de deux cuillerées d'ammoniaque guérit une vache météorisée, c'est-à-dire affectée d'un gonflement du ventre survenu à la suite de rations trop copieuses de luzerne.

L'ammoniaque est une base, comme la chaux et la potasse. Comme ces dernières, elle fait tourner au vert les fleurs bleues, et se combine avec tous les acides pour donner naissance à des sels, dont je désignerai l'ensemble par l'expression de *Sels ammoniacaux*. Le sel des étameurs en est un exemple.

5. Nous venons de voir que l'urine, en se putréfiant, dégage de l'ammoniaque. Or, comme les divers composés ammoniacaux sont de la plus grande utilité en agriculture, l'urine mérite toute notre attention. Arrêtons-nous donc quelques instants sur son origine. On se figure d'ordinaire que l'urine est uniquement produite par la boisson : c'est là une erreur, comme vous allez le voir. J'ai dit que l'oxygène, amené dans le sang par la respiration, produit dans tout le corps un combustion lente aux dépens des aliments convertis en sang. Mais ces aliments, le pain, les fruits, les légumes, la viande, renferment comme éléments de l'oxygène, de l'hydrogène, de l'azote et du charbon. Que deviennent ces éléments par l'effet de la combustion vitale? Il n'y a pas à s'occuper de l'oxygène des aliments qui vient en aide à l'oxygène de l'air pour la combustion. Nous savons déjà que le charbon se convertit en acide carbonique et s'exhale par l'expiration. L'hydrogène devient de l'eau et s'échappe en vapeurs par l'expiration aussi. En été, ces vapeurs sont invisibles; mais elles deviennent visibles en hiver, et elles produisent ces jets de fumée lancés par la bouche et les narines. Il suffit, du reste, de souffler quelques instants sur un carreau de vitre froid, pour voir bientôt l'humidité de l'haleine se condenser en gouttelettes et ruisseler; c'est de la même manière que s'amasse, sur la carafe pleine d'eau fraîche, l'eau

contenue en vapeurs invisibles dans l'air. Quant à l'azote, il
brûle aussi, mais d'une manière plus compliquée : il se combine à la fois avec de l'oxygène, de l'hydrogène et du charbon ; et, de ces quatre éléments, résulte une matière remarquable qui est le principe de l'urine et prend le nom d'*Urée*.
L'urée est une matière blanche, très-soluble dans l'eau ; elle
est donc en dissolution dans l'urine, en majeure partie formée d'eau. C'est elle qui se décompose dans l'urine putréfiée,
et dégage l'odeur ammoniacale. Rappelons-nous ce double
résultat : l'azote des aliments se convertit, par la combustion
vitale, en urée dont le corps se débarrasse par l'urine ; l'urine
putréfiée doit à l'urée ses émanations ammoniacales.

6. Chez tous les animaux, quels qu'ils soient, les choses,
au point de vue de l'alimentation et de la combustion vitale,
se passent de la même manière que dans l'homme. Cependant, chez quelques-uns, comme les oiseaux, l'azote des aliments, au lieu de se convertir en urée, se convertit en un
corps analogue qu'on appelle *Acide urique*. Vous savez que
les excréments des poules se composent de deux matières
distinctes : une matière de couleur brune, qui forme les excréments véritables ; et une matière blanche, qui ressemble
à de la craie. Cette matière blanche, c'est l'urine des poules.
Elle contient de l'acide urique. Quand on s'y prend d'une
manière convenable, elle répand une forte odeur d'ammoniaque. Broyez cette matière blanche avec de la chaux vive,
comme vous l'avez fait pour le sel ammoniac : vous sentirez
aussitôt l'odeur piquante de l'ammoniaque. Ainsi l'urine des
divers animaux est tantôt liquide, comme chez les quadrupèdes, tantôt solide, comme chez les oiseaux ; mais, malgré
ces différences secondaires, elle renferme toujours des produits très-riches en azote, urée ou acide urique, qui se transforment facilement en composés ammoniacaux.

QUESTIONNAIRE

Qu'est-ce que le sel ammoniac? (1) et (2) — Quel nom porte-t-il encore? (2) — Que renferme-t-il? (2) — Comment peut-on en dégager l'ammoniaque? (2) — Où retrouve-t-on encore l'odeur de l'ammoniaque? (3) — Quelles sont les propriétés de l'ammoniaque? (4) — Qu'est-ce que l'alcali volatil? (4) — A quels usages peut-il servir? (4) — Qu'est-ce que les sels ammoniacaux? (4) — Que devient l'azote des aliments par la combustion vitale? (5) — Que devient le charbon? (5) — Que devient l'hydrogène? (5) — Prouvez la présence de l'eau dans l'air expiré. (5) — Qu'est-ce que l'urée? (5) — Quels sont ses propriétés? (5) — Pourquoi l'urine putréfiée répand-elle une odeur ammoniacale? (5)—L'urine de tous les animaux contient-elle de l'urée? (6) — Qu'est-ce que l'acide urique? (6) — Comment dégageriez-vous de l'ammoniaque de la partie blanche des excréments des oiseaux? (6)

NEUVIÈME LEÇON

LE FUMIER

1. Un maçon peut-il bâtir une maison, s'il n'a pas les matériaux nécessaires, des pierres, du mortier? Non. — Un serrurier, s'il n'a pas de fer, pourra-t-il faire une serrure pour votre porte? Non. - - Le boulanger fera-t-il du pain sans farine? Non, encore non. Toujours et toujours, n'est-il pas vrai, pour faire une chose, il faut d'abord les matières nécessaires. Mais le froment fait du blé, la pomme de terre fait des tubercules farineux, la prairie fait du foin, la vigne, des raisins, etc. Il faut des matériaux pour ce foin, ce blé, ces raisins : où sont-ils? Ils sont en partie dans l'atmosphère,

en partie dans le sol. Le cultivateur ne peut rien sur la composition de l'atmosphère ; aussi, de ce côté-là, tout se passe indépendamment de ses soins et de sa volonté ; mais il peut beaucoup sur la composition du sol, et c'est là le grand problème de l'agriculture.

2. Les matières alimentaires que les cultures produisent, tant pour nous que pour nos animaux domestiques, se composent d'oxygène, d'hydrogène, d'azote et de charbon. Je ne parle pas encore d'un petit nombre d'autres substances dont l'étude viendra plus tard. Vous savez que ces matières alimentaires éprouvent dans le corps une combustion lente qui les résout en acide carbonique, en eau et en substances très-azotées, urée et acide urique, contenues dans les urines. L'acide carbonique, l'eau et l'urine, en y joignant les excréments solides, représentent donc, dans leur ensemble, le pain, les pommes de terre, etc., qui, quelques jours avant, ont servi à l'alimentation. Ces matières sont comme les débris, les décombres d'un édifice démoli. Avec les décombres d'une maison en ruines, un maçon en bâtira une nouvelle ; avec les débris informes et rouillés d'une vieille serrure, un serrurier en pourra forger une toute neuve. Eh bien ! nos cultures font comme le maçon et le serrurier en question. Elles travaillent sur le vieux, sur des débris, sur des décombres ; et avec ces débris, elles produisent de nouvelles récoltes. La plante est un instrument qui, par une faculté admirable lui venant de la toute-puissance de Dieu, transforme en pain, en fruits, en légumes, les immondices de nos étables, la pourriture de nos fumiers. Vous avez lu des contes ridicules où des fées, au contact de leur baguette magique, changent une citrouille ventrue en beau carrosse, des souris en attelage de superbes chevaux, des lézards en laquais à livrée ; mais dites-moi si la plante, cette bonne fée qui change l'ordure infecte en fleurs et en fruits parfumés, n'est pas plus puissante que les fées de vos contes de nourrice ? La réalité, croyez-le bien,

pour qui sait la comprendre, dépasse toujours en magnificence les produits bizarres de l'imagination. Rien n'est beau comme le vrai.

5. La plante trouve naturellement dans l'atmosphère une partie des matériaux dont elle a besoin, l'acide carbonique; mais c'est aux soins et à l'industrie de l'homme de lui fournir le reste, au moyen du fumier répandu dans le sol. Si vous avez bien compris ce qui précède, sur l'urine, vous devez voir la haute importance de l'urine des bestiaux dans la confection d'un bon fumier. C'est une des principales richesses de l'agriculture, à cause de la grande quantité de produits azotés qu'elle contient; et un agriculteur intelligent doit prendre toutes ses précautions pour ne pas la laisser se déperdre.

Quelqu'un d'entre vous, peut-être, a entendu parler de Jean-Louis, un des plus intelligents cultivateurs des environs. Jean-Louis n'était pas riche, mais il était laborieux; et il apprit de bonne heure quelques principes raisonnés d'agriculture, tels que ceux qu'on cherche à vous apprendre ici. Il les mit plus tard en pratique avec un tel zèle, qu'en peu d'années il se vit à la tête d'une ferme considérable; aussi l'appelle-t-on aujourd'hui le gros Jean-Louis. Je vais vous apprendre comment il fait pour obtenir un excellent fumier.

Autant que possible, il donne, pour litière à ses bestiaux, de la paille de céréales qui, étant composée de tiges creuses, s'imbibe plus facilement des déjections liquides. Cependant, comme dans certains cas, la litière aurait de la peine à tout absorber, il a pratiqué dans l'étable une rigole qui conduit au dehors, dans un réservoir, les déjections liquides; et c'est là qu'elles imbibent une nouvelle litière. Ensuite, loin des gouttières de l'habitation et à l'abri de quelques arbres, il a étendu sur le sol une bonne couche de terre glaise; et sur cet emplacement, il a élevé le tas de fumier. Tout autour du tas est pratiquée une petite rigole qui amène dans un trou suffisant pour pouvoir y manœuvrer un seau, le liquide que le fumier laisse écouler, et qu'on nomme *Purin*.

4. Le purin est formé par les urines dont la litière est imprégnée. L'agriculture n'a pas d'engrais plus puissant; aussi Jean-Louis a-t-il grand soin de ne pas le laisser couler dans les fossés voisins ou boire inutilement par la terre. C'est pour cela qu'il a enduit d'argile l'emplacement du tas, l'argile s'opposant à l'infiltration du purin dans le sol où il serait perdu. C'est pour cela encore qu'il a creusé la rigole qui le recueille et le conduit dans un trou. Quand ce trou est plein, le purin est puisé avec un seau et rejeté au milieu du tas de fumier.

Ce n'est pas tout : dans le tas, il va bientôt s'établir une combustion lente ; le fumier va s'échauffer, fermenter. Dans ces conditions, les principes azotés de l'urine vont se décomposer et dégager de l'ammoniaque, qui s'échappera en pure perte dans l'air, si la fermentation est trop forte et si l'on ne s'oppose à cette déperdition. C'est pour éviter une fermentation trop rapide que le tas, au lieu d'être exposé aux rayons directs du soleil, est abrité par quelques arbres. Le purin dont on l'arrose de temps en temps l'empêche aussi de trop s'échauffer.

5. Enfin, comme, malgré ces précautions, il se forme toujours de l'ammoniaque qui se dissipe inutilement, voici ce qu'a fait Jean-Louis. Après avoir formé une première couche avec le fumier retiré de l'étable, il l'a saupoudrée avec quelques poignées de plâtre ; puis est venue une nouvelle couche de fumier également saupoudrée de plâtre, et ainsi de suite. Le plâtre s'empare des vapeurs ammoniacales, leur cède un peu de son acide sulfurique et les convertit en un sel, *Sulfate d'ammoniaque*, non susceptible de se réduire en vapeurs. C'est pour cela qu'on dit que le plâtre fixe l'ammoniaque, c'est-à-dire l'empêche de se dissiper.

Comparez ce que fait Jean-Louis avec ce qui se passe dans

la plupart des fermes, où le fumier est amoncelé sans précautions, sans abri contre le soleil, sans abri contre les eaux pluviales, qui le lavent et entraînent le purin. Voyez tous ces animaux de basse-cour qui le grattent, le remuent, le dispersent et en font dissiper ainsi les émanations ammoniacales. Est-il possible qu'un pareil fumier ait la valeur du premier ?

6. Le purin étant le plus précieux des engrais, il faut veiller à la conservation de celui que le fumier n'absorbe pas. Lorsque, par la fermentation, il commence à dégager l'odeur ammoniacale, il faut fixer l'ammoniaque par l'addition du plâtre. On répand le purin liquide sur les cultures après l'avoir allongé de son volume d'eau. Lorsqu'on veut l'employer sec, on le mélange avec assez de terre pour l'absorber en entier. Ce mélange constitue un excellent engrais.

7. Dans la belle saison, sur une terre qu'on destine à une prochaine culture, on entoure quelquefois de claies un espace qu'on nomme *Parc*. Dans cet espace clos, un troupeau de moutons passe la nuit, sous la surveillance du pâtre abrité dans sa hutte roulante de paille, et sous la haute protection de braves chiens capables d'en imposer aux loups. Puis, le parc est déplacé, jusqu'à ce que toute la surface du champ ait servi momentanément d'étable au troupeau. Cette pratique, appelée *Parcage*, a pour but d'utiliser les déjections solides et liquides du troupeau. En une nuit, un mouton peut fumer un mètre carré de surface. Ce mode de fumure est très-efficace, à cause de l'absorption parfaite de l'urine par le sol.

QUESTIONNAIRE

Où les plantes prennent-elles les substances qui leur sont nécessaires? (1) — En quoi se résolvent les matières alimentaires après avoir servi à la nutrition ? (2) — Que deviennent ces résidus par

l'intermédiaire des plantes? (2) — Que trouvez-vous de remarquable dans ce travail des plantes? (2)   Quels soins faut-il prendre du
fumier? (3) — Qu'est-ce que le purin? (3) — Faut-il veiller à sa
conservation? (3) — Comment empêche-t-on le fumier et le purin
de perdre leur ammoniaque? (5) et (6). — Comment agit le plâtre
en cette occasion? (5) — Qu'est-ce que le sulfate d'ammoniaque? (5) — Que trouvez-vous de vicieux dans la manière ordinaire
de conserver le fumier? (5) — Comment emploie-t-on le purin? (6)
— Qu'est-ce que le parcage? (7) — Quels sont ses effets? (7)

DIXIÈME LEÇON

LE GUANO

1. Beaucoup d'entre vous n'ont pas vu la mer : je les
plains. Mon Dieu! que c'est beau, la mer! Si jamais, à l'ombre du feuillage gris de l'olivier où chante la cigale, vous
pouvez plonger le regard dans la plaine bleue de la Médi-
terranée; si jamais, du haut d'une falaise, vous voyez à vos
pieds rouler les flots verts de l'Océan grondeur, vous serez
certainement de mon avis. Mais qu'elle est terrible aussi, la
mer, dans ses moments de colère, quand elle ballotte les
lourds navires dans l'écume des vagues! En ces moments
redoutables, ces navires si grands sont brisés comme de
simples coques de noix. Et cependant il y a des hommes au
cœur solide qui bravent les colères de la mer, et s'en vont
bien loin, à l'autre bout du monde, pour nous apporter les
produits de ces pays lointains. Honorons ces hommes intré-
pides. J'ai vu, un jour, sortir du port de Marseille un grand
vaisseau à trois mâts qui allait au Pérou. Consultez votre
atlas, et vous verrez que, pour aller en ce pays, il faut faire
à peu près la moitié du tour de la terre. Et qu'allait-il faire

au Pérou, cette contrée dont le nom éveille aussitôt dans l'esprit l'idée de mines de métaux précieux ? Allait-il y chercher de l'argent? Non. — De l'or? Non. — Des diamants alors ? Non. — Il allait y recueillir quelque chose de plus précieux que tout cela : de la fiente d'oiseau...

2. Sur les côtes du Pérou se trouvent quelques îlots, rendez-vous général d'une foule innombrable d'oiseaux de mer. Les oiseaux qui fréquentent la mer sont tous doués d'un insatiable appétit. Toujours en quête du poisson dont ils se nourrissent, ils passent le jour à explorer la surface de la mer à des distances immenses de la terre ferme. La nature les a doués d'une puissance de vol prodigieuse. Pour ces rôdeurs infatigables, une promenade de quelques centaines de lieues avant dîner est la moindre des choses. Disséminés le jour dans toutes les directions à la recherche d'une proie, ils arrivent le soir aux îlots, pour y passer la nuit, en bandes si compactes que le ciel en est obscurci. Le sol des îlots est alors littéralement couvert par ces oiseaux. Étant bien repus, grâce à leurs expéditions, la nuit, ils tapissent le sol d'une abondante couche d'excréments. Et ceci se répétant depuis des siècles et des siècles, depuis que le monde est monde, ces excréments, à force de se superposer, ont fini par faire des couches de 20 à 30 mètres d'épaisseur, si dures, si compactes, que pour les briser, il faut le pic et le pétard, comme pour extraire la pierre d'une carrière. Des ouvriers exploitent cette mine de fiente, et des navires de toutes les parties du monde vont prendre des cargaisons de cette précieuse matière, à laquelle on donne le nom de *Guano*.

3. Ou vous avez perdu de vue ce que je vous ai dit au sujet des excréments de poule, ou vous devez déjà soupçonner la cause de cet empressement à recueillir le guano, que j'ai qualifié de plus précieux que l'or et l'argent. Nul ne peut vivre avec de l'or pour nourriture ; on vit fort bien avec le pain, et le guano sert à faire le pain. Il y a, en effet,

dans le guano, encore plus que dans les excréments de poule, une proportion considérable d'acide urique et de sels ammoniacaux, si favorables à la végétation. En triturant le guano avec de la chaux vive, on obtient le même résultat qu'en soumettant à ce traitement la partie blanche des excréments de poule, on obtient un dégagement d'ammoniaque.

4. Le guano ne peut pas remplacer le fumier. En effet, puisqu'il provient du poisson digéré par les oiseaux de mer, il ne doit pas contenir tous les principes nécessaires aux récoltes, comme le fait le fumier, qui résulte de ces mêmes récoltes digérées par nos animaux domestiques. Mais, comme il contient en abondance quelques-uns de ces principes, en particulier l'azote sous forme de sels ammoniacaux, et le phosphore, dont l'étude va venir bientôt, il peut venir en aide au fumier et le compléter. On mélange quelquefois le guano avec son poids de plâtre, qui empêche l'ammoniaque de se dissiper ; mais il faut bien se garder de le mélanger avec de la chaux, car ce serait là précisément le moyen de dégager l'ammoniaque en pure perte. On répand le guano sur une culture quand la jeune plante est levée ; on choisit pour cela un temps légèrement humide, afin que ces traces d'humidité entraînent, jusqu'aux racines, mais sans les noyer, les principes solubles de l'engrais. L'action du guano est des plus rapides et des plus puissantes.

5. A côté du guano, il faut ranger les excréments de poule et de pigeon, ce qui constitue la *Poulette* et la *Colombine*. Quoique très-favorables, ces deux engrais sont beaucoup moins puissants que le guano. Cela dépend du genre de nourriture des oiseaux. En effet, l'un des principes fertilisants de leur fiente, l'acide urique, est bien plus abondant dans celle des oiseaux qui se nourrissent de proie que dans celle des oiseaux qui se nourrissent de graines. Vous pouvez en juger en comparant, lorsque l'occasion s'en présentera, les excréments d'un oiseau de proie, d'un épervier, d'une

chouette, avec ceux d'une poule. Dans le premier cas, vous trouverez beaucoup plus de matière blanche ou d'acide urique que dans le second. D'après cela, le guano, qui provient d'oiseaux vivant de proie, de poisson, doit renfermer plus de matières fertilisantes que n'en renferment les excréments des poules, vivant de graines. Il est bon de mêler la poulette et la colombine avec du plâtre, comme on le fait pour le guano. On peut même répandre ce plâtre dans le poulailler. Les excréments s'y incorporent, et il n'y a plus ces émanations ammoniacales qui fatiguent la volaille. La poulette s'emploie comme le guano par un temps pluvieux. Si le temps est sec, elle ne produit qu'un maigre résultat; et même elle brûle les plantes, si ce temps sec se prolonge longtemps.

6. Le guano n'étant que du poisson digéré, il est évident que le poisson tel quel doit constituer aussi un engrais d'une grande valeur. Dans les localités maritimes où l'on se livre aux grandes pêches du hareng, de la morue, on utilise les poissons avariés et tous les débris pour faire un engrais appelé *Engrais-poisson*, qui apparemment remplacera un jour le guano, dont les mines sont loin d'être inépuisables. A cet effet, on cuit le poisson, on le presse, on le dessèche, et finalement on le réduit en poudre. Cet engrais étant à un point de décomposition moins avancé que le guano, agit moins rapidement que ce dernier. Il en a toutefois les principales propriétés.

QUESTIONNAIRE

Qu'est-ce que le guano? (2) — Où le trouve-t-on? (1) — Comment s'est-il formé? (2) — Quels sont les principes fertilisants du guano? (3) — Peut-il remplacer le fumier? (4) — Pourquoi le mélange-t-on avec du plâtre? (4) — Peut-on le mélanger avec la chaux? (4) — Comment l'emploie-t-on? (4) — Qu'est-ce que la poulette et la colombine ? (5)—Ces deux engrais valent-ils autant que le guano ? (5) — Comment les emploie-t-on ? (5)—Quels sont les oiseaux dont la fiente renferme le plus d'acide urique ? (5) — Qu'est-ce que l'engrais-poisson ? (6) — Comment le prépare-t-on ? (6) — Agit-il aussi rapidement que le guano ? (6)

ONZIÈME LEÇON

LE PHOSPHORE

1. Il y avait autrefois, il y a bien longtemps, dans une ville d'Allemagne, à Hambourg, un vieux savant, appelé Brandt, dont la cervelle avait un peu tourné, et qui cherchait le moyen de convertir en or le premier métal venu, le plomb, le fer, par exemple. Ce moyen était appelé la pierre philosophale. Ah ! quels beaux sacs de louis il aurait faits avec la vieille ferraille de sa maison, s'il avait réussi dans ses recherches. Mais il ne réussit pas. La pierre philosophale du vieux savant est encore à trouver; cependant personne ne s'en occupe plus, vu que la chose est impossible. Je me trompe : si la pierre philosophale existe, elle est à votre disposition, et, quand vous serez plus grands, vous convertirez par son moyen, en belles pièces d'or, moins que du plomb, moins que de la vieille ferraille. La véritable et la seule pierre philosophale, c'est l'agriculture, par le secours de laquelle vous convertirez en sacs de blé, en futailles de vin, en charretées de pommes de terre, et par suite en louis, le fumier de vos basses-cours.

Mais revenons à notre vieux savant. A bout de ressources en ses recherches, et ne sachant plus qu'imaginer, il alla s'aviser (voyez quelle bizarrerie !), il alla s'aviser que la pierre philosophale pourrait bien être dans l'urine. Et le voilà à faire bouillir de l'urine, à l'évaporer; à faire cuire le *résidu*, puis avec ceci, puis avec cela, tant et tant qu'à la fin, un soir, il vit quelque chose luire dans l'obscurité. Il venait de découvrir le *Phosphore*, l'un des corps les plus curieux de la nature. Enfants, ne vous moquez pas du vieux Brandt : en cherchant l'impossible, il a fait une des plus belles découvertes dont la science puisse se glorifier.

2. Si vous examinez une allumette chimique, vous verrez que l'extrémité qui prend feu renferme deux matières : du soufre appliqué sur le bois, et une autre matière appliquée sur le soufre. Cette dernière matière est du phosphore, coloré au moyen d'une poudre dont la nuance varie suivant le caprice du fabricant. Le phosphore seul est un peu jaune et transparent comme de la cire. Son nom veut dire porte-lumière. En effet, quand on le frotte légèrement entre les doigts dans l'obscurité, les doigts se couvrent de lueurs blanches. On sent en même temps une odeur d'ail ; c'est l'odeur du phosphore. Ce corps est excessivement inflammable : pour peu qu'on le chauffe, ou qu'on le frotte sur un corps dur et sec, il prend feu. De là son emploi dans la fabrication des allumettes. Enfin, c'est une substance horriblement vénéneuse. Il faut beaucoup se méfier des allumettes, et même des boîtes qui en ont contenu. Leur contact avec nos aliments peut amener la mort. En faisant fondre un peu de phosphore dans de la graisse, on obtient ce qu'on appelle la *Pâte phosphorée*, qui sert à détruire les souris, les rats, les loirs, les mulots. On enduit de cette pâte quelques croûtes de pain, que l'on expose dans les lieux fréquentés par ces animaux. Tous ceux qui y mordent périssent empoisonnés.

3. Cette matière terrible se trouve pourtant, et en grande quantité, dans le corps de tous les animaux. Elle se trouve dans l'urine, d'où Brandt l'a retirée le premier; elle se trouve dans les os, dans la viande, dans le lait. Il y en a encore dans les plantes, en particulier dans les céréales ; la farine, le pain, en contiennent. Mais rassurez-vous : nous ne

périrons pas empoisonnés comme les mulots qui ont porté la dent sur les tartines phosphorées. Revenons sur un point capital dont je vous ai déjà dit quelques mots.

Quand deux ou plusieurs corps sont combinés, ils n'ont plus, ni les uns ni les autres, leurs propriétés primitives; mais leur ensemble possède des propriétés nouvelles qui n'ont rien de commun avec les premières. Ainsi la chaux a une saveur brûlante; et la craie, qui résulte de la combinaison de la chaux avec de l'acide carbonique, n'a pas de saveur. L'acide sulfurique est très-vénéneux et possède une saveur aigre intolérable; combiné avec la chaux, il forme le plâtre, inoffensif et sans saveur. Il y a plus : des substances vénéneuses, mortelles à très-petite dose, peuvent faire partie de nos aliments, quand elles se trouvent combinées avec d'autres. C'est le cas du phosphore. Avec quelles substances le phosphore est-il donc combiné, pour être inoffensif dans les os, dans la viande, dans la farine? C'est ce que nous allons voir.

4. Quand on brûle du phosphore, il se produit une épaisse fumée blanche, dont la combustion de quelques allumettes peut vous donner une idée. Ces fumées blanches, par la moindre trace d'humidité, se résolvent en un liquide d'une saveur aussi aigre que celle de l'acide sulfurique. On leur donne le nom d'*Acide phosphorique*. Puisque cet acide résulte de la combustion du phosphore, il est clair qu'il renferme de l'oxygène pris à l'air, et du phosphore. L'acide phosphorique n'est plus inflammable à aucune température, mais il est encore très-vénéneux. Combiné avec la chaux, il forme une matière blanche qui n'a plus ni saveur, ni la moindre action vénéneuse. Ce composé est un sel appelé *Phosphate de chaux*; il forme la majeure partie de la matière minérale des os. Quand on met un os au feu, la graisse et les sucs dont il est imbibé brûlent; et l'os devient léger, friable, parfaitement blanc. Il ne renferme plus alors que deux matières minérales : du phosphate de chaux et du carbonate de chaux.

Dans la viande, le lait et la farine, l'acide phosphorique est combiné avec une autre base, avec la *Soude*, qui ressemble beaucoup à la potasse, et se trouve, comme elle, dans les cendres des végétaux. Cette combinaison porte le nom de *Phosphate de soude*.

5. Le phosphate de chaux n'est pas soluble dans l'eau, mais il le devient lorsqu'on le met en rapport avec un acide qui lui enlève une partie de sa chaux. L'eau chargée d'acide carbonique dissout peu à peu le phosphate de chaux, comme elle le fait du carbonate de chaux; et telle est la source des phosphates qu'on trouve dans les plantes, et, par suite, dans les divers produits des animaux qui se sont nourris de ces plantes. Une vache peut fournir, par semaine, environ 70 litres de lait, contenant 460 grammes de phosphate. Ce phosphate vient du foin, qui lui-même l'a pris au sol. Mais comme le sol n'en renferme qu'une provision médiocre, et que le foin lui en enlève toujours, cette provision finira pas s'épuiser, et le lait deviendra moins abondant et moins bon. Un kilogramme d'os, qui représente à peu près la même quantité de phosphate que les 70 litres de lait, étant répandu en poudre dans le pâturage, est éminemment propre à compenser la perte hebdomadaire en phosphate que le sol éprouve par suite de la production du lait de la vache. De là l'efficacité des os en poudre sur les pâturages épuisés.

6. L'acide phosphorique, en combinaison avec une base, se rencontre dans les produits de toutes nos cultures; aussi le phosphate des os exerce-t-il une action des plus marquées sur nos récoltes. On a vu des récoltes doubler, comme par enchantement, à la suite de l'emploi des os en poudre. Un kilogramme d'os renferme l'acide phosphorique nécessaire à la formation de cent kilogrammes de blé. On peut employer les os, comme engrais, de deux manières. On les réduit en poudre dans un moulin, et on répand cette poudre sur le sol. Ou bien encore : on rend le phosphate des os soluble dans l'eau en arrosant la poudre d'os d'acide sulfurique; on

étend la matière de beaucoup d'eau, et on arrose le sol avec ce liquide. L'action de l'engrais est plus prompte dans ce dernier cas, parce que le phosphate étant déjà dissous, peut être immédiatement absorbé par les racines; tandis que, lorsque le phosphate est en poudre insoluble, il ne se dissout que très-lentement par l'action de l'eau chargée d'acide carbonique, ce qui retarde d'autant son absorption par les plantes. Il est bien évident que, dans ce dernier cas, si l'action du phosphate est plus paresseuse, elle se fait sentir aussi plus longtemps. D'une manière générale, tout engrais agit d'autant plus rapidement qu'il est plus soluble; mais aussi il agit moins longtemps. Les engrais liquides sont donc ceux dont l'action est la plus prompte et de plus courte durée.

7. Malgré leur incontestable efficacité, les os seront toujours d'un emploi limité en agriculture, parce qu'ils ne sont pas assez abondants, et parce que l'industrie en utilise beaucoup à d'autres usages. Heureusement qu'on trouve en quelques localités des montagnes entières de phosphate de chaux en pierres brutes. Le phosphate retiré de ces mines est réduit en poudre et employé de la même manière que les os.

On trouve encore divers phosphates dans toutes les matières qu'on utilise comme engrais, mais en quantité plus ou moins grande, comme dans l'urine, dans les excréments de l'homme et des animaux, et surtout dans le guano, qui doit son grand pouvoir fertilisant à la présence simultanée des deux genres de substances les plus nécessaires aux récoltes : les substances azotées et les substances phosphatées. Ces dernières proviennent des os des poissons digérés par les oiseaux, et des os des oiseaux eux-mêmes qui meurent d'accident ou de vieillesse sur les îlots où s'amasse le guano.

QUESTIONNAIRE

Qui a découvert le phosphore et dans quelles circonstances? (1) — De quoi se compose la pâte inflammable des allumettes? (2) — Quelles sont les propriétés du phosphore? (2) — Qu'est-ce que la pâte phosphorée? (2) — Quel est son usage? (2) — Dans quelles matières animales ou végétales trouve-t-on du phosphore? (3) — Que remarquez-vous au sujet des propriétés d'un corps composé, relativement aux propriétés des corps qui le composent?(3)—Qu'est-ce que l'acide phosphorique? (4) — Qu'est-ce que le phosphate de chaux?(4)—Où en trouve-t-on? (4)—Qu'est-ce que le phosphate de soude? (4) — Où en trouve-t-on? (4) — Comment le phosphate de chaux peut-il se dissoudre dans l'eau? (5) — Quelle est la quantité de phosphate contenue dans le lait produit par une vache en une semaine? (5) — Combien faut-il d'os pour représenter la même quantité de phosphate? (5) — Quelle est l'action des os en poudre sur les pâturages? (5) — Sur les céréales? (6) — Combien faut-il d'os pour représenter l'acide phosphorique contenu dans 100 kilogrammes de blé? (6) — De combien de manières peut-on employer les os comme engrais? (6) — Dans quel cas agissent-ils avec le plus de rapidité? (6) — Que remarquez-vous au sujet des engrais liquides? (6) — N'y a-t-il pas d'autre source pour le phosphate de chaux que les os? (7) — Le guano en contient-il? (7) — D'où vient le grand pouvoir fertilisant du guano? (7)

DOUZIÈME LEÇON

LE NOIR ANIMAL

1. La mort est la nourrice de la vie. Ces mots vous paraissent peut-être une exagération échappée à ma plume, en un moment d'humeur noire. Mais non, je n'exagère pas : ces mots résument, en une formule très-simple, une des lois les

plus générales qui président à la conservation des êtres
vivants. Prêtez-moi un moment votre attention, et la vérité
de ma proposition vous sera démontrée.

Quand un poirier est sec, qu'il ne se couvre plus de feuilles
et de fruits, vous dites de lui qu'il est mort. S'il est mort
maintenant, il a donc vécu autrefois. Ainsi les poiriers sont
des êtres vivants. Les graines de leurs poires mises en terre
deviendraient des poiriers ; il y a donc dans ces graines un
commencement de vie. Toutes les plantes, toutes les graines,
se comportent comme les poiriers et leurs pepins. Ce sont
encore des êtres vivants. Mais, dans aucun cas, vous ne dites
d'une pierre qu'elle est morte, ce qui signifie que les pierres,
les minéraux ne vivent pas. Donc, les animaux et les plantes,
les œufs des oiseaux et les graines, qui sont les œufs des
plantes, sont des êtres vivants ; mais les minéraux n'en sont
pas.

2. Maintenant, rappelez-vous les aliments qui composent
vos repas. C'est d'abord le pain, fait avec les graines des
céréales. Ces graines n'ont pu germer, sont mortes pour
vous nourrir. Puis ce sont les œufs. Ces œufs n'ont pu se
développer en poulets, sont morts pour vous nourrir. C'est
ensuite la viande, c'est le lard, c'est le jambon, etc. Le
bœuf, le mouton, le porc, ont perdu la vie, sont morts pour
vous donner cette nourriture. Ce sont encore des pommes
de terre, des pois, des lentilles, etc. Voilà autant de germes
vivants, autant de graines qui meurent pour vous faire vivre.
A ce compte, pourriez-vous me dire combien de vies sont
sacrifiées dans tel de vos repas, pour entretenir quelques
heures votre propre vie. Vous le voyez maintenant : la mort
est bien la nourrice de la vie.

3. Cela est encore vrai pour les animaux, pour le chat
qui dévore la souris, pour le porc qui mange le gland, pour
le mouton qui tond le gazon, pour la vache qui broute la
prairie. Cela est encore vrai pour les plantes elles-mêmes,
qui, fournissant aux animaux leur substance, leurs graines,

leur vie, finissent par s'emparer des dépouilles des animaux et par vivre à leurs dépens ; de sorte que, par un échange continuel, la plante fait vivre l'animal, et l'animal fait vivre la plante. Dans la leçon précédente, vous venez de voir un exemple de cette alimentation réciproque de la plante par l'animal, et de l'animal par la plante. Les os en poudre répandus dans une prairie contribuent à faire l'herbe ; avec cette herbe, la vache fait du lait et aussi sa propre matière osseuse. L'os redevient os après avoir passé dans le foin ; la matière animale retourne à l'animal après avoir servi à la vie de la plante.

4. Les réflexions précédentes vous expliquent pourquoi tous les débris venant des animaux forment des engrais excellents. De ce nombre sont : les vieux chiffons de laine, les menus morceaux de cuir, le sang des abattoirs desséché, la chair des animaux impropre à l'alimentation de l'homme. Toutes ces matières sont riches en principes azotés et phosphatés ; mais, pas plus que le guano, elles ne peuvent remplacer le fumier de ferme ; car, si elles contiennent en abondance quelques principes nécessaires aux plantes, elles ne les renferment pas tous ; tandis que le fumier, qui provient de ces plantes, les renferme tous, mais en petite quantité. On emploie donc ces matières mélangées au fumier ordinaire, auquel elles viennent en aide.

Les cadavres des animaux qu'on laisse exposés à la dent vorace des chiens et au pillage des pies et des corbeaux, devraient être enfouis avec un mélange de terre et de chaux vive, qui décompose rapidement les chairs. Au bout d'un mois ou deux, au lieu d'une hideuse carcasse infecte et inutile, on aurait une fosse pleine d'un engrais très-puissant. On utilise ainsi les chevaux abattus et les animaux de ferme morts de maladie.

5. Mais le principal engrais fourni par les dépouilles des animaux, c'est le *Noir animal*. On recueille des os de toute nature, et on les chauffe dans des marmites en fonte. La

combustion n'étant pas complète, les os, au lieu de devenir blancs comme lorsqu'on les met au feu, deviennent noirs. Ils renferment alors une petite quantité de charbon, provenant des sucs de l'os décomposés par la chaleur, et tout le phosphate de chaux, sur lequel la chaleur n'a pas d'action. Les os carbonisés et réduits en poudre portent le nom de noir animal.

6. Le noir animal jouit d'une propriété importante qui le fait employer en quantités énormes dans quelques industries. Il rend clairs et incolores comme de l'eau les liquides les plus troubles et les plus colorés. Si l'on met une poignée de noir animal dans un verre de vin rouge ou de vinaigre, et qu'on filtre la bouillie noire sur du papier à filtrer, le vin ou le vinaigre passe, pareil pour l'aspect à de l'eau, bien qu'il conserve toutes ses autres propriétés. Cette action remarquable est due à la petite quantité de charbon très-divisé que renferme le noir animal. Avec le charbon ordinaire, trop compacte, on n'obtiendrait que très-imparfaitement ce résultat. Le charbon ordinaire désinfecte, le charbon animal décolore.

7. On emploie surtout le noir animal dans les raffineries de sucre. Dans ces établissements, on a pour but de convertir le sucre brut ou cassonade, matière de couleur terreuse et de goût désagréable, en un beau sucre blanc, tel que vous le connaissez. La décoloration des cassonades se fait en les dissolvant dans l'eau et en filtrant le sirop sur une couche de noir animal. On emploie, concurremment avec le noir, du sang d'abattoir; de manière que le noir, après avoir servi au raffinage du sucre, est imprégné de sang desséché. Les raffineries livrent à l'agriculture le noir, qui, après quelques services, perd son pouvoir décolorant, et ne peut plus être employé à l'épuration du sucre.

8. Le noir des raffineries agit comme engrais par son phosphate provenant des os, et par ses matières azotées fournies par le sang dont il est imprégné. Ce genre d'engrais

produit surtout de bons effets dans les terres nouvellement défrichées, parce que ces terres renferment toujours des acides ; et les acides, vous le savez, rendent soluble le phosphate de chaux, qui est inactif tant qu'il n'est pas dissous. Par contre, le noir est absolument sans effet dans les terres sans acidité, et surtout dans les terres récemment chaulées, c'est-à-dire sur lesquelles on a répandu de la chaux vive, comme vous le verrez plus loin. La chaux s'étant combinée avec les acides du sol, la dissolution du phosphate du noir est impossible ; de là, l'action nulle de l'engrais.

QUESTIONNAIRE

Quelle utilité retire-t-on, en agriculture, des chiffons de laine, des menus débris de cuir, du sang des abattoirs desséché? (4) — Ces matières peuvent-elles remplacer le fumier de ferme? (4) — Comment peut-on utiliser les cadavres des animaux comme engrais? (4) — Comment se fait le noir animal? (5) — Quelle est sa principale propriété? (6) — Le charbon ordinaire décolore-t-il? (6) — A quels usages industriels emploie-t-on le noir animal? (7) — Comment agit le noir des raffineries utilisé comme engrais? (8) — Dans quelles terres produit-il le plus d'effet? (8) — Faut-il en répandre sur les terres chaulées? (8)

TREIZIÈME LEÇON

LE CHARBON

1. C'est une époque mémorable pour vous tous que celle de la veille de la Saint-Jean. Allumer, le soir, un grand feu en plein air, gambader autour des flammes, brûler quelques serpenteaux, et sauter à tour de rôle par-dessus le bra-

sier, c'est, je le reconnais, un plaisir dont j'ai su dans le temps apprécier les douceurs. Avec quel zèle nous faisions, quinze jours, trois semaines à l'avance, les provisions nécessaires, glanant des broussailles sèches dans les haies, obtenant des fagots entiers de la générosité de nos parents, nous ingéniant enfin à tout mettre à contribution. Aussi, le soir venu, le bûcher s'élevait majestueux, si haut, si haut que plus d'un d'entre nous se sentait pris d'orgueil en songeant que les enfants du village voisin n'en avaient certainement pas de pareil. Le feu était mis : les broussailles pétillaient, le cercle des spectateurs s'élargissait, repoussé par la chaleur, et le ciel illuminé par la flamme devenait tout rouge. Alors, quels cris de folle joie! Quel vacarme!... Mais vous savez mieux que moi ce qui se passe ce soir mémorable, vous qui êtes à cet âge heureux où le feu de la Saint-Jean est tout un événement! Aussi, au lieu de continuer mon récit, je vais vous apprendre une propriété bien curieuse qu'on attribue au charbon du feu de la Saint-Jean. Dans quelques localités, quand le feu est éteint, on prend des tisons à demi consumés et on les jette dans les puits. On prétend que ce charbon a la propriété de désinfecter l'eau des puits, de la rendre plus salubre, en un mot, de lui enlever le mauvais goût et la mauvaise odeur qu'elle contracte à la longue, par suite des feuilles que le vent y entraîne, et des animaux qui peuvent y tomber par accident. Voilà, certes, une propriété qui vaut la peine d'être connue. Mais est-elle vraie? — Oui et non tout à la fois. C'est ce que nous allons voir.

2. Prenez dans une mare un verre d'eau infecte, et mettez dans cette eau quelques pincées de poussière de charbon ; puis, filtrez à travers un linge. L'eau passera limpide, sans mauvais goût et sans odeur. Le charbon l'a purifiée jusqu'au point de la rendre bonne à boire. Si nous pouvons ainsi faire disparaître l'infection d'un verre d'eau croupissante, au moyen de quelques pincées de charbon en pou-

dre, il est clair que nous désinfecterons de la même manière l'eau d'un puits en employant assez de charbon. Il faut pour cela du charbon bien calciné, celui, par exemple, qui provient de la braise des fours à cuire le pain. Une corbeille de ce charbon jetée dans un puits en désinfecte les eaux très-promptement.

Il est donc vrai que le charbon des feux de la Saint-Jean assainit l'eau des puits; mais le côté faux de la croyance, c'est d'attribuer la propriété désinfectante spécialement à ce charbon, tandis que le premier charbon venu jouit de la même propriété. Et c'est fort heureux, car si jamais vous avez besoin de recourir à ce désinfectant, il est inutile d'attendre longuement le retour de la fête, puisqu'il suffit du charbon de boulanger ou de celui de votre foyer, pour obtenir le même résultat.

3. On peut encore employer le charbon à désinfecter les fosses d'aisance. En jetant de temps à autre dans ces fosses les menus débris de charbon, les matières fécales perdent leur odeur, et l'on obtient de la sorte un engrais puissant, qui n'a plus l'inconvénient qu'on pourrait lui reprocher, son odeur repoussante. Un agriculteur intelligent ne doit pas négliger cette source d'engrais, plus riche en azote que ne l'est le fumier du bétail. Les déjections, tant solides que liquides, que fournit annuellement un homme adulte, suffisent pour fertiliser plus de quatre ares.

4. Dans le voisinage des grands centres de population, on utilise les vidanges des fosses d'aisance pour faire un engrais appelé *Poudrette*. Ces vidanges sont étalées sur une aire où elles se dessèchent au soleil, et finissent par se réduire en poudre. La poudrette renferme une grande proportion de phosphates, dont la présence augmente toujours la puissance d'un engrais.

On peut employer encore les matières fécales d'une autre manière. La vase noire des fossés renferme beaucoup de matières végétales en décomposition. On calcine cette vase pour achever de carboniser les matières végétales ; puis on mêle la terre noirâtre ainsi obtenue, avec les matières fécales. L'odeur infecte disparaît par l'effet du charbon contenu dans la terre, et on a un engrais très-estimé connu sous le nom de *Noir animalisé.*

5. Le charbon de terre, ou la houille, ne jouit pas de la propriété désinfectante du charbon ordinaire. On ne pourrait pas l'employer pour assainir l'eau d'un puits, ou pour enlever leur odeur aux matières fécales. Cependant la houille provient des végétaux aussi bien que le charbon ordinaire. Ici vous avez quelque peine à me croire. Comment la houille, que les mineurs vont chercher à de grandes profondeurs dans les entrailles de la terre, peut-elle provenir des végétaux ! Vous l'expliquer complétement n'est pas chose possible, vos connaissances étant encore trop élémentaires ; mais on peut au moins vous en donner une idée.

Supposez de grandes forêts bien touffues où l'homme ne puisse jamais pénétrer pour y porter la destruction. Les arbres qui tombent de vétusté pourrissent aux pieds des autres, et forment une mince couche de matières à demi carbonisées par le temps. Les générations d'arbres se succèdent, et la couche de débris augmente ; si bien, qu'après des siècles et des siècles, elle a acquis une épaisseur d'un mètre et plus. Figurez-vous maintenant que de violents tremblements de terre bouleversent la surface du sol, soulèvent les plaines en montagnes, et affaissent les montagnes en plaines basses ; figurez-vous que la mer se déplace par suite de ces changements de niveau, et abandonne en tout ou en partie son ancien lit pour en prendre un nouveau ; imaginez-vous cette nouvelle mer couvrant les débris des forêts de sa vase, de ses sables, à la longue durcis et convertis en épaisses couches de roc ; figurez-vous, enfin, qu'à la suite de nouvelles commotions du sol, la mer laisse à sec son lit actuel, qui devient un continent, et vous aurez tout ce qu'il faut pour comprendre la présence du charbon dans l'intérieur de la terre.

6. Une science qu'on appelle *Géologie*, nous apprend que tout ceci s'est passé à des époques très-anciennes et avant que l'homme fût sorti des mains du Créateur. Le sol était alors couvert d'immenses forêts douées d'une puissance de végétation sans exemple aujourd'hui, et occasionnée par une très-forte proportion d'acide carbonique dans l'atmosphère. Cette végétation luxuriante a assaini l'atmosphère, l'a rendue respirable pour l'homme, le futur roi de la création, et a amassé pour lui, aux dépens de l'acide carbonique trop abondant, ces énormes amas de houille, qui constituent pour ainsi dire l'âme de l'industrie moderne. En effet, c'est la houille qui fait mouvoir la locomotive des chemins de fer, traînant à sa suite des populations entières; c'est elle qui alimente les foyers à haute cheminée de nos usines; c'est elle qui permet aux navires à vapeur de braver les vents et la tempête; c'est avec elle que nous travaillons les métaux, que nous fabriquons nos instruments, nos étoffes, nos poteries, notre verrerie, et une foule innombrable d'objets des plus nécessaires. Comprenez-vous, enfants, comment, longtemps avant la venue de l'homme, tout se prépare sur la terre pour le recevoir et pour fournir les matières premières à sa future industrie, à son activité, à son intelligence? Comprenez-vous comment l'antique végétation de la terre, en rendant l'atmosphère respirable, amasse, en dépôt dans les entrailles du sol, ces précieuses assises de charbon, qui reparaissent aujourd'hui à la lumière pour donner le mouvement à nos machines, et devenir un des éléments les plus actifs de la civilisation; ne voyez-vous pas en toutes ces choses la Providence attentive aux besoins futurs de l'homme, seul, parmi toutes les créatures, doué de la noble prérogative du travail que féconde l'intelligence?

7. La houille a des rapports très-directs avec l'agriculture, spécialement pour la fabrication des instruments agricoles;

mais ce n'est pas ici le lieu de s'occuper de cette question. Je me bornerai à vous dire que les cendres de houille, renfermant une grande quantité d'argile calcinée, sont très-propres à augmenter la légèreté, la perméabilité d'une terre trop forte. Vous verrez dans la leçon de l'écobuage, comment on se procure encore de l'argile calcinée pour améliorer les terres fortes.

QUESTIONNAIRE

Que savez-vous sur la propriété désinfectante du charbon ordinaire? (2) — Comment assainit-on l'eau d'un puits? (2) — Quel est le meilleur charbon pour cette opération? (2) — Comment désinfecte-t-on les fosses d'aisance? (3) — Que savez-vous sur les matières fécales considérées comme engrais? (3) — Qu'est-ce que la poudrette? (4) — Comment fait-on le noir animalisé? (4) — Ces engrais ont-ils une grande valeur? (4) — Le charbon de terre désinfecte-t-il? (5) — Que savez-vous sur l'origine de la houille? (5) — A quelle époque s'est-elle formée? (6) — Est-ce une matière bien importante? (6) — Ne voyez-vous pas une intention providentielle dans la formation de la houille aux anciens âges? (6) — Quelle utilité peut-on retirer des cendres de la houille? (7)

QUATORZIÈME LEÇON

L'HUMUS

1. Une forêt est une des belles choses de ce monde. Par suite d'une longue habitude, l'habitant de la campagne passe indifférent sous le majestueux ombrage de ses vieux chênes; mais s'il venait rester avec la population ouvrière des villes, dans ces étroites maisons où l'air et le soleil semblent ne

pénétrer qu'à regret, s'il n'avait pour reposer la vue que les toits du voisinage, et la rue boueuse de son quartier, comme il regretterait les grands hêtres au haut desquels jacassent les corneilles au soleil couchant, et les chênes noueux étendant leurs grandes ombres sur un sol recouvert d'une toison de mousse. Enfants, bénissez Dieu, qui vous a destinés à vivre au milieu de ces belles choses, et ne jetez pas un regard envieux sur les villes, où vous ne trouveriez que dégoûts et misère.

2. Il y a en France des forêts d'une étendue telle qu'un homme ne les traverserait pas en plusieurs jours de marche. Dans l'Amérique du Sud se trouvent des forêts impénétrables dont la superficie équivaut à celle de l'Europe entière. Nulle part, la végétation n'acquiert une activité comparable à celle qui règne dans ces solitudes boisées. Cependant l'homme ne fait rien pour les forêts; il ne les cultive pas, il ne leur apporte pas des engrais, comme il le fait pour le blé; au contraire, il leur fait la guerre, car de temps à autre on entend résonner la cognée du bûcheron, qui leur demande du bois et du charbon. Comment alors une forêt peut-elle si bien prospérer? Le voici :

3. D'abord, il y a dans l'atmosphère une provision sans cesse renaissante d'acide carbonique, où les feuilles puisent une partie de l'alimentation de l'arbre. Mais il y a plus. Vous savez que le bois, les feuilles, les herbages, abandonnés longtemps au contact de l'air et de l'humidité, éprouvent une combustion lente, en un mot pourrissent. Le résultat de cette décomposition est une matière brune qu'on appelle *Humus* ou *Terreau*. L'intérieur des vieux saules creux est converti en terreau, les feuilles qui tombent des arbres et pourrissent à leurs pieds se changent en terreau; il en est de même des arbres abattus dans les forêts par accident ou par vétusté. C'est l'humus formé par les débris des générations végétales antérieures qui nourrit les générations actuelles. Celles-ci, à leur tour, deviendront du terreau d'où

sortiront les générations futures. C'est ainsi que s'entretient la végétation dans les lieux que l'homme ne cultive pas. L'humus est donc le fumier de la nature. Là où il s'en forme sans entraves, la végétation se maintient toujours vigoureuse, se transmettant de génération en génération la même substance, qui est tour à tour plante ou terreau.

4. Mais vous voulez utiliser le foin d'une prairie, vous voulez mettre en grenier la récolte d'un champ de blé. Vous privez ainsi le sol du terreau qui se serait naturellement formé par la pourriture de ce foin, de ce blé. Il faut donc restituer au sol, sous une forme ou l'autre, le terreau que vous lui avez enlevé, sinon il ira s'affaiblissant et finira par devenir stérile. C'est ce qu'on fait en lui donnant des engrais, car les excréments de l'homme et des animaux sont une sorte de terreau qui, au lieu de se former par la décomposition naturelle du blé et du foin, s'est formé par le travail de la digestion.

5. Vous comprenez maintenant pourquoi les plantes alimentaires demandent les soins de l'homme, et les plantes sauvages, non. Si vous enlevez au sol la récolte d'une plante alimentaire, il faut bien lui restituer la matière de cette récolte sous une forme quelconque. La terre ne crée pas, elle transforme : vous lui donnez du fumier, et elle change ce fumier en pain, en vin, et même en viande par l'intermédiaire des animaux. Ainsi, sans culture, sans cet engrais par excellence qui a nom sueur humaine, c'est-à-dire sans travail, la terre se refuse à produire nos aliments. N'êtes-vous pas frappés, comme moi, de l'évidence de cette loi : l'homme, pour vivre, doit travailler. Le travail est toujours chose sainte qu'on ne saurait trop honorer; mais le premier de tous est le travail des champs, sans lequel la vie de l'homme est impossible. Ce sera le vôtre un jour, et soyez-en fiers.

6. Le terreau remplit un triple rôle. D'abord, il ameublit le sol, c'est-à-dire le rend plus facile à traverser par l'air et par l'eau; en second lieu, par suite de la combustion lente

dont il est le siége, il se produit sans cesse un faible dégagement d'acide carbonique et autres gaz fertilisants que les racines absorbent en majeure partie ; en troisième lieu, enfin, l'acide carbonique que les racines n'absorbent pas se dissout dans l'humidité du sol et occasionne la dissolution du carbonate et du phosphate de chaux nécessaires à la végétation.

Lorsque le terreau est complétement décomposé par une action prolongée de l'air, il reste une matière qu'on nomme le *Pourri*, et dont la nature se rapproche de celle du charbon. Le pourri ne fournit plus à la plante de matières nutritives ; cependant il continue à jouer un rôle favorable dans le sol en absorbant, comme le ferait le charbon ordinaire, les émanations fertilisantes de l'engrais qui pourraient s'échapper sans profit dans l'air, et en les abandonnant plus tard peu à peu à la plante.

7. Une culture ne peut prospérer dans un sol qu'autant que celui-ci renferme du terreau. Le froment exige près de 8 pour 100 de terreau, l'avoine et le seigle n'en demandent que 2 pour 100. Il est donc important de pouvoir constater, au moins approximativement, la dose de terreau que renferme un sol. On y parvient de la manière suivante : on fait bouillir des cendres ordinaires avec de l'eau, et on filtre pour avoir un liquide bien limpide. C'est ce qu'on appelle lessiver des cendres. On prend ensuite un poids connu de la terre à essayer qu'on a d'abord mise bien sécher au soleil, une quarantaine de grammes par exemple. Enfin, on fait bouillir cette terre avec une mesure de l'eau de lessive. Après quelques minutes d'ébullition, la liqueur est mise dans un verre. S'il y a de l'humus dans la terre essayée, le liquide sera coloré en brun, et d'autant plus que la proportion d'humus sera plus forte. En répétant la même opération dans les mêmes conditions, avec une terre bien connue sous le rapport de son degré de fertilité, on pourra juger de la qualité de la première terre. Celle des deux qui donnera la liqueur

la plus foncée sera la plus riche en humus. Dans cet essai,
l'eau de lessive agit par le carbonate de potasse que renferment les cendres. Ce sel a la propriété de dissoudre l'humus. On pourrait avantageusement remplacer l'eau de
lessive par une dissolution de carbonate de potasse ou de
carbonate de soude.

8. Une terre nouvellement mise en culture contient le
terreau provenant des végétaux qui y croissaient naturellement. Ce terreau ne tarderait pas à s'épuiser par les récoltes
s'il n'était renouvelé par le fumier. En effet, le fumier renferme une grande quantité de matières végétales **qui** ont
servi de litière aux bestiaux : comme la paille, les fanes de
pommes de terre, le sarrasin, le genêt, la fougère, etc. Ces
matières, mélangées dans le fumier avec les déjections des
bestiaux dont la décomposition est rapide, entrent elles-
mêmes en décomposition et se transforment en terreau.

9. Pour les sols maigres, sablonneux, on pratique quelquefois, pour augmenter la quantité du terreau, l'enfouissement des récoltes en vert, c'est-à-dire qu'on retourne la
terre sens dessus dessous pour enterrer la récolte, uniquement destinée à se convertir en humus. C'est ce qu'on fait
quand on retourne une prairie, un champ de trèfle. Lorsqu'on se propose d'améliorer une terre par ce procédé, il ne
faut y cultiver d'abord, pour être enfouies plus tard, que
des plantes empruntant à l'atmosphère la plus grande partie
des principes qui leur sont nécessaires; car le sol, dans
le cas actuel, ne peut les nourrir à lui seul. Parmi les
plantes qui satisfont à cette condition se trouvent : le sarrasin, le trèfle, le lupin, les fèves, les vesces, la luzerne,
le sainfoin.

10. Enfin l'agriculture tire des végétaux un autre engrais
qu'on appelle *Tourteaux*, et *Trouille* dans le midi de la
France. Les tourteaux sont le résidu de la fabrication des
huiles de lin, de colza, d'œillette. — On les emploie réduits
en poudre.

QUESTIONNAIRE

Qu'est-ce que l'humus? (5) — Comment s'entretient la végétation sans le secours de l'homme? (5) — Pourquoi faut-il des engrais pour les terres qui produisent nos récoltes? (4) — Quel est l'engrais de la nature? (4) — La terre crée-t-elle la récolte? (5) — Ne voyez-vous pas en cela la nécessité du travail? (5) — Qu'entendez-vous par ces mots : l'engrais par excellence est la sueur humaine? (5) — Le travail est-il honorable? (5) — Quel est le premier des travaux? (5)—Quels sont les rôles que remplit l'humus? (6) — Qu'est-ce que le pourri? (6) — Quels effets produit-il? (6) — Comment compare-t-on deux qualités de terre sous le rapport de la quantité de terreau? (7) — Comment le fumier de ferme augmente-t-il la dose de terreau? (8) — Qu'est-ce que l'enfouissement en vert? (9) — Quelles sont les plantes qu'on doit cultiver d'abord dans un sol qu'on veut améliorer par ce procédé? (9) — Qu'est-ce que les tourteaux? (10)

QUINZIÈME LEÇON

LA CHAUX

1. Un nid! venez vite, j'ai trouvé un nid! C'est ainsi que s'écrie, la joue rouge d'émotion, celui d'entre vous qui, un jour de vacances, a eu la bonne fortune, en furetant dans les haies, de mettre la main sur le domicile d'un pauvre oisillon. Les camarades accourent. Oui, c'est un nid. — Il est de chardonneret. — Non, de bouvreuil. — Si, de chardonneret, réplique le plus expert de la troupe, et la preuve, c'est que les œufs sont blancs, tachetés de rouge, et que le nid semble fait avec du coton ; tandis que celui de bouvreuil, dont j'ai, l'an passé, trouvé un nid sur un pommier de mon jardin, est

fait de petites racines, et renferme des œufs bleus, tigrés de roux au gros bout.

À ce signalement, je reconnais en effet un nid de chardonneret ; mais, quel qu'il soit, enfants, si vous y touchez, nous ne sommes plus amis. Laissez en paix les nids des oiseaux. Laissez vivre tranquilles ces innocentes bêtes, dont le chant égaye la demeure de l'homme, et qui rendent de grands services à l'agriculture en détruisant les insectes qui dévoreraient nos récoltes. Vous ne vous doutez pas du nombre de mesures de blé que vous perdez en détruisant une nichée de passereaux. Les oiseaux ont été faits par Dieu auxiliaires de l'homme dans ses travaux des champs. Ils font une guerre incessante à la vermine, fléau de nos récoltes. On dit que sous peu on punira de la prison l'écolier brutal qui aura détruit une nichée ; et ce sera justice. Celui qui se plaît à faire souffrir les oisillons en les enlevant à leur mère pour les mettre en cage, a le cœur dur et ne fera jamais du bien à ses semblables. La prison n'est pas de trop pour ce méchant. Mais vous, mes amis, vous n'êtes pas du nombre de ces écoliers malfaisants, puisque vous allez laisser en paix le nid sujet de ces réflexions. Cependant, avant de le quitter, il vous est permis de jeter un coup d'œil sur la manière dont il est bâti.

2. Le chardonneret est un des plus habiles parmi les habiles. Sa maison de coton est un petit chef-d'œuvre d'élégance et de solidité. Dans l'enfourchure de quelques petites branches, avec la bourre cotonneuse qui enveloppe les graines de saule et de peuplier, avec les brins de laine que les épines des haies arrachent au troupeau qui passe, avec les aigrettes plumeuses des graines des chardons, il construit pour ses petits un matelas en forme de coupe, si moelleux, si chaud, si douillet, que jamais fils de roi au maillot n'en a eu de pareil.

Pour construire leurs nids, les oiseaux trouvent des matériaux tout prêts, ils n'ont qu'à se mettre à l'œuvre. Le printemps venu, le chardonneret n'a pas à se préoccuper des matières premières de son nid; il est sûr que les chardons et les haies du bord des chemins lui offriront abondamment ce qui lui est nécessaire. Et il doit en être ainsi ; car l'oiseau n'a pas l'intelligence et ne peut préparer longtemps à l'avance, par les soins d'une savante industrie, les choses dont il aura besoin.

5. Pour l'homme, c'est bien différent. L'homme possède l'intelligence, cette lumière divine, son plus noble attribut. Aussi, pour l'engager à cultiver sans cesse cette sublime faculté, Dieu a voulu, dans sa sagesse, que l'homme ne pût acquérir la plupart des choses dont il a besoin que par son travail, sa réflexion, son industrie. Remercions-le de cette noble prérogative, qui fait notre bonheur et notre mérite ici-bas.

Pour construire la plus humble maison, il faut des pierres et du mortier. On extrait les pierres de la carrière, et on les taille avec des instruments en fer. Combien n'a-t-il pas fallu de siècles d'observations et de recherches à l'homme, pour lui faire soupçonner que, dans une terre rouge sans consistance, se trouve le fer, plus dur que la pierre, et pour lui apprendre à le retirer de cette terre rouge. Grâce à son intelligence, il est cependant venu à bout de cette immense question. Il a fallu encore trouver le mortier, et changer la pierre en chaux. De là d'autres difficultés dont l'industrie humaine a fini par triompher. La découverte du fer et celle de la chaux remontent à des époques si reculées que le souvenir s'en est perdu. Quel immense service cependant nous ont rendu les hommes inconnus à qui nous devons ces découvertes ! Sans eux, nous serions moins bien partagés que le chardonneret pour nous construire une demeure.

4. La chaux se fait avec des pierres dites pierres calcaires. On les reconnaît à la propriété qu'elles ont de mousser, de faire effervescence au contact d'une goutte d'acide. Ces pierres sont formées de chaux et d'acide carbonique combi-

nés. En les soumettant à l'action de la chaleur, dans des fours spéciaux appelés fours à chaux, l'acide carbonique se dissipe dans l'air, et la chaux reste seule. La chaux a une saveur brûlante, ou, comme on dit encore, caustique. Son contact fait virer au vert les fleurs bleues. Elle se combine avec tous les acides pour donner naissance à des sels dont les principaux sont : le carbonate de chaux (craie, calcaire), le sulfate de chaux (plâtre), le phosphate de chaux (matière minérale des os), l'azotate de chaux (salpêtre des vieux murs).

5. Pour faire le mortier, les maçons arrangent avec du sable un petit bassin dans lequel ils mettent de la chaux en pierres. Puis ils jettent sur ces pierres un peu d'eau. La chaux s'échauffe, se fendille, éclate, fume et finit par se réduire en une fine poussière pareille à de la farine. Avant cette opération, la chaux était appelée *Chaux vive*; maintenant qu'elle est combinée avec de l'eau, on l'appelle *Chaux éteinte*. Enfin la chaux éteinte est allongée d'eau, et intimement mélangée, pétrie avec du sable. C'est là le mortier que l'on met entre les pierres pour les souder ensemble et donner plus de solidité aux constructions. En effet, la chaux du mortier reprend peu à peu à l'air l'acide carbonique qu'elle avait perdu dans le four, et redevient du calcaire, de la pierre. Le sable a surtout pour but de diviser la chaux, qui s'imbibe ainsi plus facilement de l'air nécessaire à sa conversion en calcaire. Quand le mortier est bien revenu à l'état de calcaire, les pierres qu'il soude se cassent quelquefois plutôt que de se séparer.

6. Les usages de la chaux ne se bornent pas aux constructions; on emploie encore cette précieuse matière en agriculture. Un sol, pour être fertile, outre les matières organiques provenant de l'humus et des engrais, doit contenir les trois substances minérales suivantes : le calcaire, le sable et l'argile, qui vous sont suffisamment connus pour le moment. Or, il peut se faire que naturellement le sol ne renferme pas

en suffisante quantité, ou ne renferme pas du tout l'une ou l'autre de ces trois substances. Il faut alors corriger la nature du sol, en lui donnant ce qui lui manque. C'est ce qu'on appelle *Amender* le sol. Ainsi, un terrain trop sablonneux doit recevoir du calcaire ou de l'argile, et presque toujours l'un et l'autre; une terre trop forte, trop argileuse, doit recevoir, au contraire, du sable et surtout du calcaire. On donne le nom d'*Amendements* aux matières minérales qu'on introduit dans le sol pour en corriger la nature, c'est-à-dire pour y établir une proportion convenable des trois principes nécessaires : calcaire, sable, argile. Les engrais, au contraire, sont des matières d'origine organique, provenant des animaux ou des végétaux, destinées à la nutrition des plantes.

7. L'un des amendements les plus précieux est la chaux. Elle agit de diverses manières dans le sol. En effet, par le contact prolongé de l'air, elle redevient du calcaire, comme vous venez de le voir pour le mortier; de sorte que, lorsqu'on en répand dans un champ, il y a à considérer l'action de la chaux proprement dite, et l'action du calcaire qui en résultera plus tard.

D'abord la chaux attaque énergiquement les matières végétales et facilite leur conversion en terreau. De là, son utilité dans les champs riches en mauvaises herbes, et dans ceux qu'on a nouvellement défrichés. Par son intermédiaire, ces mauvaises herbes sont promptement converties en humus. En second lieu, la chaux agit sur les matières azotées des engrais et provoque la production des composés ammoniacaux, indispensables à la vie des plantes. En troisième lieu, enfin, elle se combine avec les acides d'un sol qui en contient trop et fait disparaître ce vice. C'est ce qui a lieu pour les terrains tourbeux, dont l'acidité est excessive et très-nuisible à la végétation. On est averti de la nécessité de la chaux par l'apparition des fougères, des bruyères, des mousses, des joncs.

8. Une fois en terre, la chaux ne tarde pas à redevenir ce

qu'elle était avant de passer par le four. Elle se combine avec l'acide carbonique, et repasse à l'état de carbonate de chaux. Sous cette nouvelle forme, elle continue à jouer un rôle efficace en donnant le principe calcaire à un sol trop argileux; en empêchant l'argile d'être aussi liante, aussi impénétrable à l'air et à l'eau; enfin en empêchant le sol d'être acide, comme le ferait la chaux elle-même.

9. Le *Chaulage*, ou la distribution de la chaux sur un terrain, se fait à la fin de l'été, lorsque les terres sont sèches. On dispose, de cinq en cinq mètres de distance, des tas d'une vingtaine de litres de chaux vive que l'on recouvre d'un peu de terre. En peu de temps, par l'effet de l'humidité de l'air, la chaux est réduite en poudre fine. On l'étend alors régulièrement avec la pelle, et on l'enfouit par quelques légers labours. Jamais la chaux ne doit être enfouie avec la semence. A son contact, les jeunes pousses seraient brûlées. Il ne faut pas non plus mélanger, avant de l'employer, la chaux avec le fumier; car il se produit alors en pure perte d'abondantes émanations ammoniacales. La chaux et le fumier doivent toujours être employés séparément.

QUESTIONNAIRE

Quels services les oiseaux rendent-ils à l'agriculture? (1) — Que pensez-vous de ceux qui détruisent les nichées? (1) — Pourquoi les oiseaux trouvent-ils aisément tout ce qui leur est nécessaire, tandis que l'homme n'acquiert ce dont il a besoin que par son industrie? (2) (3) — Comment se fait la chaux? (4) — Quels sont les caractères de la chaux? (4) — Dites les principaux sels que forme la chaux? (4) — Qu'est-ce que la chaux vive et la chaux éteinte? (5) — Comment se fait le mortier? (5) — Comment le mortier durcit-il? (5) — Quelles sont les substances minérales qu'un sol doit contenir pour être productif? (6) — Que signifie l'expression amender le sol? (6) — Qu'est-ce que les amendements? (6) — Quelle différence y a-t-il entre un engrais et un amendement? (6) — Comment agit la chaux dans le sol : 1° sur les matières végétales ; 2° sur les matières azotées ; 3° sur les acides trop abondants? (7) — A quels signes reconnait-on qu'un terrain a besoin de chaux? (7) — Quand la chaux s'est carbonatée dans le sol, quel rôle remplit-elle? (8) — Comment s'exécute le chaulage? (9) — Doit-on enfouir la chaux avec la semence? (9) — Doit-on mélanger la chaux avec le fumier? (9)

SEIZIÈME LEÇON

LA MARNE

1. Un maître avait trois écoliers qui vinrent un jour en classe, où ils devaient faire leur belle page d'écriture. Ils n'apportaient, par étourderie : l'un, que du papier ; l'autre, que des plumes ; le troisième, que de l'encre. Lorsque le moment d'écrire fut venu, le premier dit : Maître, je ne peux pas écrire ; j'ai apporté du papier, mais j'ai oublié le reste. Le second dit : Maître, je ne peux pas écrire non plus ; je n'ai que des plumes, j'ai oublié le reste. Le troisième dit : Maître, je ne peux pas écrire ; j'ai bien de l'encre, mais j'ai oublié le reste. Et les trois écoliers baissaient les yeux, bien confus de ne pouvoir faire leur travail, malgré toute leur bonne volonté. Le maître dit : Que celui qui a du papier plus qu'il ne lui en faut, en donne aux deux autres ; que celui qui a des plumes, en cède aux deux autres ; et que celui qui a de l'encre, partage avec les deux autres. Et il fut fait comme avait dit le maître. Et chaque écolier, cédant à ses camarades ce qu'il avait de trop, et recevant d'eux en échange ce qui lui manquait, écrivit une belle page.

2. Voici trois champs aussi stériles l'un que l'autre. Quel-

ques mauvaises herbes y poussent, maigres et clair-semées. Jamais la moindre récolte n'a pu y venir à bien — Le sol de l'un est tout argile. L'hiver, la terre glaise délayée par les pluies y forme une bourbe tenace qui s'attache aux pieds. Quelques joncs poussent au milieu des flaques d'eau qui s'amasse dans les dépressions sans pouvoir traverser le sol trop compacte. L'été, c'est une surface désolée, fendillée en tous les sens. L'argile desséchée s'y soulève en larges plaques pareilles à de grands tessons de poterie cuite. C'est une terre maudite. — Le sol du second est tout sable. Au milieu des plus grandes pluies, la surface en paraît à peine mouillée, tant l'eau est rapidement absorbée par cette terre altérée. Un gazon rude, coriace, se hâte de profiter de la saison pluvieuse pour fournir çà et là quelques maigres touffes de verdure sur ce terrain avare. Dans la chaude saison, ce sera une lande morte, où le grillon ne trouvera même pas une motte gazonnée pour abri. — Le sol du troisième est tout calcaire, et blanc comme de la cendre. Dans la saison humide, on y voit apparaître par groupes le tussilage, dont les feuilles rondes et échancrées figurent l'empreinte du sabot d'un cheval; en été, ce n'est plus qu'une surface nue d'où le vent soulève des tourbillons de poussière.

Aucun de ces trois terrains, dans les conditions où il se trouve, ne peut produire la moindre récolte et dédommager l'agriculteur du travail de la charrue. Mais un homme intelligent survient, disant : Prenez dans les deux autres ce qui manque au premier, le calcaire et le sable ; faites-en autant pour le second et le troisième ; partagez également entre tous les trois l'argile, le sable et le calcaire, trop abondants pour chacun d'eux en particulier ; et au lieu de trois terrains maudits, vous aurez trois terrains fertiles. Et il est fait comme avait dit l'homme aux bons conseils. Et chaque terrain, cédant aux deux autres ce qu'il avait de trop, et recevant en échange ce qui lui manquait, fournit les années suivantes de fort belles récoltes.

3. Je vous ai déjà dit qu'amender une terre, c'est lui apporter les principes minéraux qui lui manquent, de manière à y établir une proportion convenable de calcaire, de sable et d'argile. Il est rare que l'amendement puisse se faire dans des circonstances pareilles à celles que j'ai supposées dans le paragraphe précédent. Un sol n'est presque jamais tout à fait argileux, tout à fait calcaire ou sablonneux ; et puis, lors même que cela serait, l'amendement deviendrait impraticable, à moins d'avoir dans un voisinage très-rapproché les principes minéraux nécessaires. Les frais de transport et de main-d'œuvre, pour des masses aussi considérables, seraient trop forts s'il fallait les aller chercher au loin. Heureusement il n'en est pas ainsi, et il suffit le plus souvent, pour amender un sol, d'y apporter, en proportion relativement fort minime, l'une ou l'autre des trois substances minérales, les deux autres s'y trouvant déjà. Ainsi restreinte, l'opération de l'amendement n'en est pas moins très-remarquable, puisqu'elle nous permet, dans quelques cas, de transformer des terrains stériles en champs d'une grande fertilité. Au moyen des amendements, l'agriculteur fait, pour ainsi dire, des terres à blé de toutes pièces. Et quelle plus belle œuvre, mes enfants, les mains de l'homme peuvent-elles accomplir ! Quel travail plus utile au bien-être général l'industrie humaine peut-elle exécuter ! Faire d'une lande improductive une belle terre à blé, c'est mieux que de scier le marbre et d'en bâtir un palais, c'est mieux que de tisser l'or et la soie pour les grands de la terre, c'est mieux que d'ouvrir une tranchée par monts et vallées pour y établir le double rail d'un chemin de fer ; car c'est assurer, dans la mesure de ses forces, le pain des générations présentes et de celles qui nous succéderont. Au-dessus de ce travail, je n'en vois qu'un seul ; mais ce n'est plus un travail manuel : c'est celui de l'âme occupée de ses immortelles destinées ; car si le premier besoin du corps est le pain quotidien, que nous donne l'agriculture, le premier besoin de l'âme est le développe-

ment de ses facultés, qui nous mène à la connaissance de Dieu.

4. Voisin, dit un jour Jean-Louis à un agriculteur dont la ferme touchait la sienne, puisque tu ne fais rien de ce coin de terre où ta vache trouve à peine quelques joncs à brouter, il faut me le vendre. Je veux voir s'il serait possible de lui faire produire quelque chose. Le voisin, qui à plusieurs reprises y avait essayé diverses cultures toujours sans résultat, accepta bien volontiers la proposition. La terre fut vendue presque pour rien. Jean-Louis avait observé, sur le penchant d'un coteau de sa ferme, une couche de terre grisâtre où venaient simplement des ronces et des tussilages. Pendant quelques semaines, le voisin le vit remplir son tombereau de cette terre et la transporter sur le mauvais pré nouvellement acheté. Toutes les fois que Jean-Louis passait avec son tombereau, le voisin souriait malicieusement sur sa porte, convaincu de l'inutilité de ce travail. L'hiver se passa ; les tas de terre transportée se réduisirent, par les gelées, en fine poussière ; et la charrue les mélangea bien avec le sol ancien. L'année suivante, une superbe récolte de froment vint donner raison à Jean-Louis. — On dit que le voisin ne souriait plus sur le seuil de sa porte quand Jean-Louis passait.

5. La terre qui avait produit ce changement miraculeux était de la *Marne*, espèce de calcaire terreux. Tout le secret de Jean-Louis consistait donc à avoir amendé un sol trop argileux avec une terre calcaire. Les marnes sont ordinairement feuilletées. Elles jouissent, à un degré plus ou moins marqué, de la faculté de se déliter, de se réduire en poudre, par l'exposition aux pluies et aux gelées. Leur couleur est très-variable ; le plus souvent elles sont grises ou bleuâtres. Elles se composent d'un mélange à proportions variables de calcaire, d'argile et de sable. On les distingue, suivant que l'un ou l'autre de ces principes domine, en marnes calcaires, en marnes argileuses et en marnes sablonneuses. Les pre-

mières sont les meilleures et les plus usitées. Les marnes argileuses conviennent aux sols sablonneux, tandis que les marnes sablonneuses améliorent les terres fortement argileuses. Il faut donc, suivant la nature du sol, choisir convenablement la marne qu'on veut lui donner comme amendement; car ce serait chose tout à la fois dispendieuse et inutile que de répandre dans une terre une marne qui ne lui apporterait que les principes qu'elle a déjà.

6. Les marnes calcaires se reconnaissent en ce qu'elles font une vive effervescence avec les acides. Elles sont peu liantes et se délitent rapidement. Les marnes argileuses sont liantes comme la terre glaise, et ne font qu'une faible effervescence avec les acides. Quant aux marnes sablonneuses, on les reconnaît à leur aridité, et aux menus grains de sable dont elles se composent en partie.

Pour effectuer le *Marnage*, on dépose la marne en petits tas dans le champ avant l'hiver. La pluie, l'air et les gelées réduisent ces tas en poudre, qu'on répand au printemps avec la pelle. L'effet de cette opération est incontestable. On a vu des récoltes doubler et presque tripler sur des sols convenablement marnés. Il est bien entendu que la marne ne peut tenir lieu d'engrais; car, si elle favorise le développement de la récolte, l'engrais seul peut la nourrir. Il faut donc proportionner la dose d'engrais à la quantité de marne employée.

7. Dans quelques localités, on emploie, en guise de marne, des sables calcaires apportés par la mer. C'est ce qu'on appelle le *Maerl* ou *Marle* dans le département du Finistère, et *Tangue* dans celui de la Manche. Dans la Touraine, on utilise, sous le nom de *Falun*, un sable formé de menus débris de coquilles laissées là par une antique mer qui a couvert autrefois ce pays et qui n'existe plus aujourd'hui. Dans une foule de contrées, on trouve, comme en Touraine, de grands amas de coquillages marins, tantôt répandus à la surface du sol, tantôt plus ou moins profondément enfouis, ou même

enclavés dans les roches les plus dures. On donne à ces coquillages le nom de *Fossiles*. Ils fournissent une preuve du
déplacement des mers, dont je vous ai dit quelques mots au
sujet de la houille,

QUESTIONNAIRE

L'opération de l'amendement est-elle bien importante? (3) —
Quel est le travail le plus utile au bien-être général? (3) — Qu'est-
ce que la marne? (5) — Quels sont ses caractères? (5) — Combien
y a-t-il d'espèces de marnes? (5) — Quelles sont les marnes les
plus usitées? (5) — Dans quel cas emploie-t-on les marnes argileuses, — les marnes sablonneuses? (5) — Comment reconnaît-on
les différentes espèces de marnes? (6) — Comment s'effectue le
marnage? (6) — La marne remplace-t-elle l'engrais? (6) — Qu'est-
ce que le maerl, — la tangue, — le falun? (7) — Qu'est-ce que les
coquilles fossiles? (7) — Que prouvent-elles? (7)

DIX-SEPTIÈME LEÇON

LE PLATRE

1. Toute la journée, la chaleur a été accablante. De grands
nuages venus du midi se sont lentement amoncelés sous
forme d'immenses montagnes de coton cardé; ces nuages
sont devenus menaçants, grisâtres; et de leurs profondeurs,
s'échappent par intervalles de sourds roulements, prélude de
l'orage. Enfin le ciel est tout noir; des lueurs éblouissantes
courent rapidement çà et là dans les nuages, suivies de près par
la grande voix du tonnerre. La pluie tombe à torrents; l'orage
est dans toute sa force. Les éclats retentissants de la foudre

roulent, rebondissent dans l'immensité. On dirait que le ciel se déchire et va s'écrouler sur la terre. Grand Dieu ! un trait de feu plus rapide que la pensée a jailli tout à coup entre le sol et les nuées embrasées. La foudre vient de tomber sur un arbre de la plaine. Ah ! si quelque malheureux passant s'est abrité de la pluie sous cet arbre, certainement il est perdu. Où se cacher, où fuir pour éviter les atteintes de la foudre?...

Enfants, comme le cœur vous tremble, comme vous tressaillez quand la rougeur de l'éclair traverse vos paupières, closes de frayeur ! Pourriez-vous croire maintenant que l'homme a osé s'attaquer au tonnerre, et qu'il a eu assez de génie pour le vaincre? Cela est cependant, et, sans plus nous inquiéter du tonnerre, qui, malgré les rares accidents qu'il produit, est chose admirable et nécessaire, je vais vous raconter comment cela s'est fait.

2. Dans une des grandes villes de l'Amérique du Nord, à Philadelphie, il y avait, le siècle passé, un homme issu d'une obscure famille, mais doué d'un grand savoir. Il s'appelait Franklin. Un jour d'orage, il sortit accompagné de son fils, jeune garçon comme vous. Il portait un grand cerf-volant de papier, pareil à ceux que vous lancez vous-mêmes quelquefois. Arrivé dans la plaine, il lança le cerf-volant à l'aide de son fils, et déroula le cordon jusqu'à ce que la machine de papier se trouvât au beau milieu des nuages où l'orage éclatait. Ce qu'il avait prévu arriva : la foudre se porta sur le cerf-volant ; et, glissant le long de la corde, vint éclater aux pieds de Franklin, non pas une fois, mais vingt fois, cent fois, aussi souvent que le voulut l'intrépide expérimentateur. Il est bien entendu que Franklin avait pris ses précautions pour ne pas être atteint par la redoutable lame de feu. C'est ainsi qu'il étudia le tonnerre de près, en découvrit la nature, et parvint finalement à en préserver les édifices ; car, à la suite de ces études, il imagina de planter sur les édifices de longues barres de fer pointues qu'on appelle *Paratonnerres*, et qui les garantissent des atteintes de la foudre. Gardez-vous

de jamais lancer vos cerfs-volants vers les nuages orageux :
vous n'avez pas l'habileté de Franklin, et vous pourriez perdre la vie à ce terrible jeu.

5. Est-il permis d'avoir une peur exagérée du tonnerre et
devons-nous le regarder comme un fléau ? Non, mes enfants :
la toute-puissance de Dieu n'a pas besoin d'une arme spéciale pour nous atteindre ; nous vivons à l'ombre de sa main ;
notre vie est un pur effet de sa volonté. Il n'a qu'à vouloir,
et la vie nous est retirée. Toute la création concourt à l'ac-
complissement de ses adorables desseins, qui n'ont en vue
que le bonheur de ses créatures ; et quand le tonnerre
gronde dans les profondeurs du ciel, c'est pour le bien général plutôt que pour un châtiment particulier. Que notre
esprit s'élève alors vers le Père céleste, sans la permission
duquel il ne peut tomber un seul cheveu de nos têtes ; mais
gardons-nous d'une folle terreur : une respectueuse crainte
de Dieu exclut toute autre crainte.

Disons-nous que le feu est un fléau parce qu'il consume
quelquefois nos habitations ; disons-nous que la mer est un
fléau parce qu'elle engloutit quelques navires ; disons-nous
que l'air est un fléau parce qu'un ouragan peut renverser
nos demeures ? Mais que ferions-nous sans feu, sans eau,
sans air ? Le tonnerre n'est pas davantage un fléau. Les décharges de la foudre, en sillonnant les airs, purifient l'atmosphère, brûlent, détruisent les émanations malsaines qui
montent de la terre ; elles remplissent en grand le rôle de
ces torches de papier qu'on brûle, pour en assainir l'air,
dans un appartement tenu longtemps fermé. Le tonnerre
est donc nécessaire ; de plus, il est admirable, car c'est un
des phénomènes de la nature par lesquels la toute-puissance de Dieu se raconte le plus éloquemment à nos sens.
S'il n'est pas raisonnable de se laisser aller à la frayeur
quand il tonne, il ne faut pas cependant négliger quelques
précautions dont l'oubli pourrait nous être fatal. Ces précautions consistent à ne pas s'arrêter sous les arbres en

temps d'orage, à ne pas chercher un refuge dans un édifice élevé, parce que la foudre se porte toujours sur les points les plus hauts, les plus rapprochés des nuages, comme la cime des arbres, la crête des montagnes, la pointe des clochers.

4. Que pensez-vous de Franklin, qui ose le premier lutter avec le tonnerre, et qui se sent assez de vigueur dans l'intelligence pour maîtriser la foudre? Ne l'admettez-vous pas volontiers au nombre de ces hommes illustres qui font le juste orgueil de l'humanité? Eh bien! Franklin n'a pas cru s'abaisser en consacrant sa noble intelligence aux travaux de l'agriculture. S'il a vaincu le tonnerre, il a aussi appris à ses concitoyens la manière de bien faire venir la luzerne. Et voici comment. Connaissant les puissants effets du plâtre sur les luzernières, il voulut en faire profiter ses concitoyens. Mais ceux-ci, guidés par une vieille routine, ne l'écoutaient pas. Que fit-il? Il alla, sur le bord de la route la plus fréquentée, semer du plâtre dans une luzernière, en le répandant de manière à tracer des lettres et des mots. La luzerne poussa partout, mais beaucoup plus haute, plus verte, plus touffue sur les points plâtrés, de sorte que les passants lisaient dans le champ de luzerne ces mots formés de lettres gigantesques : *Ceci a été plâtré*. L'expédient eut un plein succès, et le plâtre ne tarda pas à être adopté.

Qu'on vienne maintenant vous dire que l'agriculture n'est pas estimée, que tous ceux qui se sentent capables de faire autre chose doivent l'abandonner, et vous citerez l'exemple de Franklin. Vous pourriez en citer des milliers d'autres, si vous étiez plus instruits. Dans tous les pays civilisés et surtout dans le nôtre, l'agriculture est le premier des arts ; les plus belles intelligences y consacrent leurs veilles ; et il ne dépend que de vous d'y acquérir l'estime, la considération en même temps que le bien-être. Pour cela que vous faut-il? La probité et l'amour du travail.

5. Mais revenons au plâtre, que l'histoire de Franklin a

amené. On trouve abondamment en beaucoup de localités une pierre, souvent transparente, qu'on appelle *Gypse*. C'est une combinaison d'acide sulfurique et de chaux. Étant chauffée dans des fours analogués aux fours à chaux, cette pierre perd sa transparence et devient blanche. On la broie alors sous des meules et on la réduit en une poudre qui s'appelle plâtre. Le plâtre gâché avec un peu d'eau a la propriété de se prendre en une masse solide susceptible d'un beau poli. Cette propriété le fait rechercher pour faire les plafonds des habitations et autres travaux de ce genre. Mais nous n'avons à nous occuper ici que de l'emploi du plâtre en agriculture.

6. Le plâtre produit un excellent effet sur les prairies artificielles, sur le trèfle, le sainfoin, la luzerne ; mais il n'a pas d'effet sur les céréales et sur les prairies naturelles. On l'emploie ordinairement en saupoudrant légèrement les plantes quand elles sont encore humides de la rosée du matin. Le plâtrage ne doit être pratiqué que sur des terres convenablement pourvues d'engrais ; il n'a pas d'action sur les terres maigres.

Vous savez qu'on peut incorporer le plâtre dans le fumier de ferme, ce qui empêche l'ammoniaque de se dissiper. En effet, le plâtre (sulfate de chaux) cède à l'ammoniaque une partie de son acide, et la change en sulfate d'ammoniaque, sel non susceptible de se dissiper en vapeurs ; c'est ce qui fait dire que le plâtre fixe l'ammoniaque. Le fumier plâtré a plus d'action que le plâtre. Il agit même là ou le plâtre n'aurait pas d'effet, comme dans les prairies naturelles et dans les terres à céréales.

QUESTIONNAIRE

Qui a découvert la nature de la foudre ? (2) — Racontez dans quelles circonstances Franklin fit sa découverte. (2) — Qu'est-ce que le paratonnerre? (2) — Quels effets les décharges de la foudre produisent-elles dans l'atmosphère? (3) — Est-il raisonnable de se laisser aller à une folle terreur quand il tonne? (3) — Quelles précautions faut-il prendre en temps d'orage? (3) — Comment Franklin s'y prit-il pour faire adopter le plâtrage? (4) — Qu'est-ce que le gypse? (5) — Comment se fait le plâtre? (5) — Quelle est la principale propriété du plâtre? (5) — Sur quelles cultures le plâtre produit-il le plus d'effet? (6) — Comment se fait le plâtrage? (6) — Qu'est-ce que le fumier plâtré? (6) — Comment le plâtre fixe-t-il l'ammoniaque? (6) — Le fumier plâtré a-t-il plus d'action que le plâtre? (6)

DIX-HUITIÈME LEÇON

L'ÉCOBUAGE

1. Sur le penchant de cette colline, voyez cet homme qui, armé d'une pioche, écorche pour ainsi dire le sol, en lui enlevant de grandes plaques de terre couvertes de leurs herbages. Il ne retourne pas les mottes, comme il devrait le faire pour convertir les herbages en terreau; il ne fouit pas assez profondément et d'une manière assez régulière, pour préparer le sol à recevoir la semence. Que fait-il donc? — Revenons quelques jours après, quand le soleil aura desséché les mottes. Notre homme est encore à l'œuvre. Il entasse les mottes, mettant le gazon en dedans, et ménageant dans le tas une cavité qu'il garnit de broussailles et de feuilles sèches. Puis il y met le feu. Un autre tas est disposé de la même manière et allumé à son tour. Bientôt la colline est couverte d'un grand nombre de ces fours, qui lentement se consument et répandent de longues traînées de fumée. Cette opération agricole s'appelle *Écobuage*.

2. Là où elle se pratique, elle est toujours bien vue des

enfants, qui se font une fête d'élever leur four et d'y faire rôtir des pommes de terre sous les cendres chaudes. Je m'en rapporte à ceux d'entre vous qui ont prêté la main à l'écobuage d'un terrain défriché : n'est-il pas vrai que les pommes de terre ainsi préparées ont un goût meilleur que celles qu'on prépare à la maison ? Savez-vous ce qui leur donne ce goût supérieur ? C'est le travail que vous avez fait pour élever votre four. Le travail nous procure non-seulement la considération et l'aisance, mais encore la santé, et cette heureuse disposition du corps qui fait trouver excellents les aliments même les plus communs. Les pommes de terre cuites dans le four de l'écobuage ne sont réellement pas meilleures que celles que prépare votre mère, mais elles ont l'immense avantage de venir après le travail, qui amène l'appétit, le meilleur de tous les assaisonnements.

3. Lorsque la combustion des tas est achevée, le mélange de cendres et de terre calcinée est répandu avec la pelle sur toute la surface du sol. L'écobuage produit deux effets, dont l'un a rapport à l'argile du sol, et l'autre aux cendres produites par la combustion des mauvaises herbes.

L'argile, vous le savez, est une terre tenace, liante, qui ne se laisse pénétrer ni par l'eau ni par l'air. Par conséquent, un sol trop argileux est défavorable à la végétation, dont les racines ont toujours besoin d'air et d'humidité. Or, quand l'argile a été fortement chauffée, elle a des propriétés toutes différentes : elle ne fait plus pâte avec l'eau, elle est poreuse, perméable, et se laisse aisément pénétrer par l'air et par l'eau. L'écobuage améliore donc les sols argileux en calcinant l'argile et la rendant perméable. C'est vous dire que, si l'écobuage est une excellente opération pour les terres fortes ou argileuses, il est sans effet sur les terres maigres ou sablonneuses.

4. Enfin l'écobuage agit par les cendres des mauvaises herbes. C'est ici le lieu de vous dire quelques mots sur les cendres des végétaux. Après la combustion complète du

bois, il reste une poudre terreuse qu'on appelle cendre. Elle renferme tous les principes minéraux qu'il y avait dans le bois, principes que la combustion n'a pas altérés à cause de leur grande résistance. Les substances les plus remarquables des cendres sont les carbonates de potasse et de soude. La potasse et la soude sont deux bases ayant avec la chaux une grande ressemblance. Comme la chaux, elles ont une saveur brûlante, mais beaucoup plus forte ; elles verdissent les fleurs bleues, et se combinent avec tous les acides pour former des sels, dans lesquels elles perdent leurs propriétés dangereuses pour en prendre de nouvelles, inoffensives, et même bienfaisantes

5. Ce sont ces carbonates, et en particulier celui de potasse toujours plus abondant, qui agissent sur l'eau gypseuse, et permettent la coction des légumes, avec le secours d'un nouet de cendres ; c'est le carbonate de potasse qui donne à la lessive sa propriété de nettoyer le linge ; c'est encore le même carbonate qui attaque le terreau quand on fait bouillir un peu de terre avec l'eau des cendres, et communique par suite au liquide une coloration brune, dont l'intensité permet de juger de la quantité de terreau.

6. Outre ces deux carbonates, les cendres renferment encore du carbonate de chaux, du phosphate de chaux, et quelques autres matières, en particulier la *Silice*, qui sera étudiée dans une des leçons suivantes. Toutes ces matières, ayant fait partie des plantes qu'on a brûlées, sont évidemment propres à faire partie de nouvelles plantes ; car, on ne saurait trop vous le répéter, pour les plantes comme pour les animaux, ce qui a vécu alimente ce qui vit. Les cendres des mauvaises herbes brûlées par l'écobuage seront donc très-utiles aux plantes que l'homme va cultiver dans le champ préalablement incendié. Par l'écobuage, on ne profite pas cependant de tout ce que renfermaient les mauvaises herbes : ce qui s'échappe en fumée est autant de perdu. Aussi faut-il avoir soin de ne pas pousser la combus-

tion trop loin. L'argile calcinée des mottes de terre rend,
en cette circonstance, un autre service. En devenant poreuse par la calcination, elle est apte à absorber les matières gazeuses produites par la combustion, ce qui diminue 'a perte d'autant. Mais si l'argile manque dans le sol,
l'écobuage est nuisible, et il vaut mieux enfouir simplement
les mauvaises herbes.

7. Lorsque le sol à défricher est couvert d'une forte végétation, de broussailles, de genêts, par exemple, on se con-
tente de mettre le feu à ces broussailles en prenant les précautions nécessaires pour maîtriser l'incendie. C'est une
pratique usitée en beaucoup de localités, en particulier en
Corse, où se trouvent de grandes étendues couvertes d'une
végétation impénétrable et qu'on nomme *Maquis*. Là croissent pêle-mêle des arbrisseaux inconnus dans nos contrées
plus froides, des myrtes portant des baies parfumées que
viennent becqueter les merles, des arbousiers dont les fruits
rouges ressemblent à des fraises, des bruyères plus hautes
que l'homme, des cistes à grandes fleurs roses ou blanches.
On met le feu à ces fourrés à la fin de l'été. La flamme gagne
avec rapidité, et en quelques instants on a le magnifique
spectacle d'une montagne toute en feu./L'incendie s'éteint
faute d'aliment, le cultivateur laboure le sol pour enfouir
les cendres, jette le grain dans le sillon, et sans autres
soins obtient sa récolte.

8. Mais sans recourir à l'incendie, on peut utiliser les
cendres comme engrais. Rarement on les emploie telles
quelles, parce que l'industrie en retire, par le lessivage,
une matière fort précieuse qui est le carbonate de potasse.
Après ce lessivage, les cendres prennent le nom de *Charrée*.
Elles contiennent de la silice, du carbonate et du phosphate
de chaux dans l'état le plus favorable pour être absorbés
par les plantes. Moins énergiques que les cendres ordinaires,
les cendres lessivées produisent cependant de bons résultats, surtout dans les sols argileux. Vous avez déjà vu que

les cendres de la houille, contenant une forte proportion d'argile calcinée, servent à rendre meubles les terres fortes.

Les cendres nous amènent naturellement à la suie. Celle-ci est formée de matières végétales incomplétement décomposées par la chaleur. Elle renferme de l'ammoniaque, ce qui la rend très-efficace comme engrais. On la répand sur les jeunes plantes, qui gagnent ainsi en vigueur. Par son âcreté, elle est apte en outre à éloigner les insectes qui s'attaquent à nos cultures.

QUESTIONNAIRE

Comment se pratique l'écobuage? (1) — Que nous procure le travail? (2) — Quels effets produit l'argile calcinée? (3) — L'écobuage est-il utile pour les terres maigres? (3) — Que renferment les cendres des végétaux? (4) — Qu'est-ce que la potasse et la soude? (4) — Que savez-vous sur le carbonate de potasse? (5) — Les cendres sont-elles utiles à la végétation? (6) — Comment l'argile calcinée empêche-t-elle la déperdition complète des gaz formés pendant l'écobuage? (6) — Pourquoi met-on le feu aux broussailles des terrains avant de défricher? (7) — Qu'est-ce que la charrée? (8) — Que renferme-t-elle? (8) — De quoi se compose la suie? (8) — Peut-elle servir d'engrais? (8)

DIX-NEUVIÈME LEÇON

LE SEL MARIN

1. Toute la maison est en émoi. Le porc, longtemps engraissé avec des pommes de terre et du gland, a été sacrifié le matin à la pointe du jour. Ses cris aigus n'ont pu

le soustraire à sa destinée. Avec des torches de paille enflammée, on a brûlé les soies de la bête morte, qui, bien raclée et lavée, a été ouverte et dépecée. Et maintenant, la mère de famille procède à la conservation de ces provisions précieuses. Chacun lui vient en aide dans la maison. Ici, sur un grand feu, dans un chaudron de cuivre bien luisant, se fond la graisse, qu'on verse à mesure dans des pots, où elle se fige en devenant blanche comme de la neige; à côté, les boudins durcissent dans l'eau bouillante. Plus loin, à l'aide d'un large coutelas, on réduit la viande en pâte pour faire les saucisses, qui, roulées en longues guirlandes autour de deux lattes, doivent sécher longtemps, appendues au plancher, en regard de l'âtre. Là, se prépare le jambon, qu'on enveloppera de toile et qu'on suspendra en un coin sous le manteau de la cheminée, pour assurer sa conservation. Sur une claie, sont étendues les plus importantes dépouilles de la bête, le dos et les flancs recouverts d'une couche épaisse de lard. Et la mère de famille s'épanouit le cœur de contentement; elle voit ses armoires, sa dépense, s'emplir de vivres pour toute l'année...

2. Ces provisions, sur lesquelles se fonde l'espoir d'une année, seraient rapidement altérées et deviendraient impropres à servir de nourriture sans l'emploi d'une substance des plus communes, mais des plus importantes, sans l'emploi du sel de cuisine. Un morceau de viande abandonné à lui-même ne tarde pas à répandre une mauvaise odeur et à tomber en putréfaction. Plus la température est élevée et l'air humide, plus cette décomposition est rapide. Voilà pourquoi on choisit l'approche de l'hiver et autant que possible un temps sec, pour préparer les dépouilles du porc. Cette préparation consiste à imprégner la viande, le lard, la graisse, d'une bonne dose de sel. La viande salée se dessèche sans se corrompre, et se conserve longtemps mais non indéfiniment. Vous savez, en effet, que les provisions salées finissent par rancir. Malgré cet inconvénient, il faut

reconnaître que le sel nous rend un immense service. Sans lui, plus de lard, richesse du ménage; plus de jambon savoureux, dont on détache une tranche les jours de fête; plus de saucisses, que vous savez tous si bien apprécier, j'en suis sûr.

— 3. C'est également avec le sel qu'on prépare les tranches de bœuf dont les navigateurs font provision avant d'entreprendre un long voyage. Grâce au bœuf salé les marins peuvent courir les mers des années entières, ne demandant que de loin en loin des vivres frais à la terre ferme. C'est encore avec le sel que l'on conserve ces prodigieuses quantités de poissons, harengs, morues, sardines, que le commerce répand avec profusion jusque dans les moindres villages et les plus éloignés de la mer. Le sel entre comme assaisonnement dans l'alimentation de l'homme, et même des animaux domestiques, qui s'en montrent très-friands. Sans lui, nos mets seraient trop fades et de digestion difficile. Enfin, l'agriculture trouve en lui un engrais minéral très-avantageux dans quelques cas. D'après ses nombreux usages, vous voyez que le sel ordinaire est une des substances les plus précieuses.

4. Si nous jugions de l'utilité d'une substance d'après le prix qu'on lui attribue, nous tomberions dans les plus graves erreurs : nous placerions, par exemple, au premier rang le diamant, dont le prix est exorbitant, et qui n'est cependant d'aucune utilité réelle pour l'homme, si ce n'est pour couper le verre, comme le font les vitriers; au contraire, nous mettrions au dernier rang le fer, le charbon, le sel, la chaux, matières de très-bas prix, et malgré cela bien autrement importantes que les pierres précieuses, objets le plus souvent d'une stupide vanité. La Providence ne s'est pas réglée sur cette appréciation erronée de l'homme : elle a accordé la plus grande importance au fer, au sel, etc., en les répandant à profusion par toute la terre; et une importance très-secondaire au diamant, en le reléguant en

très-petite quantité dans quelques coins reculés des contrées les moins connues.

5. Le sel, comme toutes les matières premières d'un haut intérêt, est donc très-abondant. La mer, couvrant à elle seule 38 milliards d'hectares ou les trois quarts de la surface entière du globe, la mer si profonde, si grande, renferme dans l'immensité de ses eaux une masse de sel à épouvanter l'imagination, puisque chaque mètre cube en contient près de 30 kilogrammes. En outre, dans une foule de localités, il existe des sources d'eau salée, assez riches pour être exploitées, comme dans les départements de la Meurthe, de la Haute-Saône, du Doubs et du Jura. Enfin, en beaucoup de contrées, on trouve dans le sein de la terre d'épaisses couches de sel, qu'on détache en blocs avec le pic. Ce sel, qui porte le nom de *Sel gemme*, ne diffère de celui de la mer que par sa coloration occasionnée par des matières étrangères. Il est le plus souvent jaune ou rougeâtre, quelquefois violet, bleu ou vert. Il y a de ces mines de sel dans la Meurthe et dans la Haute-Saône. Les sources salées des mêmes localités leur doivent bien certainement leur origine.

6. La mine de sel gemme la plus remarquable est celle des environs de Cracovie, en Pologne. On l'exploite à une profondeur de plus de 400 mètres. Sa longueur dépasse 200 lieues, et sa plus grande largeur atteint jusqu'à 40 lieues. Dans cette couche de sel, sont pratiquées de grandes galeries, dont la voûte est parfois plus élevée que celle d'une église, et qui, se prolongeant à perte de vue et se croisant en tous sens, figurent une ville immense avec ses rues, ses carrefours, ses places publiques. Rien ne manque à cette espèce de ville souterraine : le service divin y est célébré dans de vastes chapelles taillées dans le sel; les habitations pour les ouvriers mineurs, et les écuries pour les chevaux nécessaires à l'exploitation sont pareillement creusées dans le sel. La population y est nombreuse,

et des centaines d'ouvriers y naissent et y meurent, quelquefois sans être jamais sortis de leurs souterrains, sans avoir jamais vu la clarté du soleil. De nombreuses lumières, constamment entretenues, illuminent la ville de sel; et leurs rayons, répercutés par les surfaces cristallisées, tantôt donnent aux parois des galeries l'apparence limpide et brillante du verre, et tantôt les font resplendir des admirables reflets de l'arc-en-ciel. Que pensez-vous, enfants, de cette étrange ville? Dans vos contes de fées, avez-vous jamais rien lu de pareil? Quelle magique illumination dans ces églises de cristal, quand mille cierges allumés, se réfléchissant sur la voûte, en font descendre des jets de lumière de toutes les couleurs! Malgré ses splendeurs, croyez-moi, cette demeure souterraine ne vaut pas la vôtre : vous avez le grand air, cet air si pur, dont la poitrine s'emplit avec délices; vous avez la lumière du soleil, lumière vivifiante qu'aucune clarté artificielle ne peut remplacer.

7. L'extraction du sel de ces mines est des plus faciles. On en détache des blocs, comme on le fait pour les pierres dans les carrières. Parfois le sel est assez pur pour être livré tel quel à la consommation; d'autres fois il faut le purifier en le dissolvant dans l'eau et en le laissant cristalliser. En France, on ne se sert guère que du sel extrait de la mer. Voici comment se pratique cette extraction. On choisit au bord de la mer une plaine basse, où l'on creuse des bassins peu profonds mais d'une grande étendue; puis on fait arriver l'eau de la mer dans ces bassins, qui portent le nom de *Marais salants*. Quand ils sont pleins, on interrompt leur communication avec la mer. Le travail des marais salants se fait en été. La chaleur du soleil fait évaporer l'eau peu à peu; et le sel, qui n'a plus assez d'eau pour se dissoudre en entier, se prend en une croûte cristalline, qu'on enlève avec des râteaux. En mettant de l'eau salée dans une assiette que vous exposerez au soleil, vous reproduirez en petit ce qui se passe dans les marais salants. Le sel amassé

par le râteau est amoncelé en un grand tas où il achève de s'égoutter, et tout est fini. Occupons-nous maintenant de son emploi en agriculture.

8. Les cendres de tous les végétaux contiennent, vous le savez, du carbonate de potasse et du carbonate de soude. C'est ce qui donne aux cendres la propriété de faire effervescence avec les acides. Il est alors rationnel de fournir au sol les matériaux nécessaires pour produire au moins l'un de ces carbonates. C'est ce qu'on fait au moyen du sel ordinaire. Effectivement, ce sel peut être regardé comme une combinaison d'acide chlorhydrique et de soude [1], c'est-à-dire qu'il renferme déjà la base du carbonate de soude. Si l'acide chlorhydrique est remplacé par l'acide carbonique, le sel de cuisine devient du carbonate de soude. Ce remplacement s'effectue tout seul, mais très-lentement, dans un mélange de carbonate de chaux et de sel marin. Le premier fournit au second de l'acide carbonique ; et inversement, le second cède au premier de l'acide chlorhydrique.

9. D'après cela, l'emploi du sel marin ne sera avantageux qu'autant que le sol renfermera le calcaire nécessaire à la conversion du sel en carbonate de soude. Dans les sols non calcaires, le sel employé seul ne produit aucun effet, ou même est nuisible. Lorsqu'on veut soumettre au salage un sol non calcaire, il faut préalablement mélanger le sel avec de la chaux vive. Au contact de l'air, la chaux ne tarde pas à se transformer en carbonate ; et c'est après cette transformation qu'a lieu l'échange produisant du carbonate de soude. Le sel marin accompagné de calcaire agit sur les plantes comme le font les cendres, en leur apportant un de leurs principes, le carbonate de soude. Il donne de l'activité

---

[1] C'est pour plus de simplicité que le sel marin est considéré ici comme un chlorhydrate de soude, plutôt que comme un chlorure de sodium.

à la végétation, de la force aux pailles des céréales et du poids à leurs grains. Mais il ne faut l'employer qu'après la sortie des jeunes plantes, son action étant défavorable à la germination de la semence. On utilise encore le sel marin pour combattre la météorisation des bestiaux, dont je vous ai parlé au sujet de l'ammoniaque. Une bonne poignée de sel dissoute dans un litre d'eau et donnée en breuvage à une vache météorisée, fait disparaître le gonflement maladif du ventre.

QUESTIONNAIRE

Que devient la viande abandonnée à elle-même? (1) — Comment la conserve-t-on? (2) — Dites les principaux usages du sel? (3) — Faut-il juger de l'utilité d'une substance d'après le prix qu'on est dans l'usage de lui attribuer? (4) — Que remarquez-vous au sujet des substances les plus utiles? (4) — Le sel est-il bien abondant? (5) — Quelle est l'étendue des mers? (5) — Combien un mètre cube d'eau de mer renferme-t-il de sel? (5) — Où trouve-t-on des sources salées en France? (5) — Qu'est-ce que le sel gemme? (5) — Où en trouve-t-on en France? (5) — Dites ce que vous savez sur les mines de sel de la Pologne. (6) — Comment extrait-on le sel de la mer? (7) — Qu'est-ce que les marais salants? (7) — Comment le sel marin se change-t-il en carbonate de soude par le concours du carbonate de chaux? (8) — Dans quels terrains le sel est-il favorable? (9) — Dans quels terrains est-il nuisible? (9) — Que faut-il faire pour procéder au salage des terrains non calcaires? (9) — Quelles précautions faut-il prendre dans l'emploi du sel en agriculture? (9) — Quels sont les effets du sel sur la végétation? (5)

VINGTIÈME LEÇON

LA SILICE

1. Vous vous rappelez l'orage de l'autre jour. Nous crûmes voir tomber la foudre sur un arbre de la plaine, et nous
plaignîmes le passant qui avait pu se réfugier sous ses
branches. La distance nous avait trompés : c'était une
meule de paille que le feu du ciel avait atteint. Longtemps
l'incendie couva inaperçu ; tout à coup, quand la pluie eut
cessé, voilà que la meule s'embrase de la base au sommet,
jetant dans le ciel une longue gerbe de flammes. Il était
impossible de songer à la sauver ; en quelques instants, on
n'eut sous les yeux qu'un tas de cendres fumantes. Or,
savez-vous ce qu'on trouva en fouillant dans les cendres?
On trouva du verre fondu, tordu de toutes les manières, et
incrusté de parcelles de charbon. La meule en brûlant avait
produit du verre, pareil à celui des carreaux de vitre, mais
en morceaux informes et souillés de paille carbonisée.
Comment la paille en brûlant peut-elle donner naissance
à du verre? C'est ce que vous allez apprendre.

2. Le verre se fait en chauffant dans un four du sable
bien blanc et des cendres, jusqu'à ce que le tout soit fondu.
Le sable est formé par les débris d'une roche très-dure,
plus ou moins transparente, et douée de la propriété de faire
feu quand on la bat avec le briquet. La pierre à fusil, les
cailloux blancs appartiennent à ce genre de roche qu'on
nomme *Silex*, *Silice* ou *Acide silicique*. Ces trois expressions
ont la même valeur. L'acide silicique, par une exception
rare, n'a pas la saveur aigre qui, vous ai-je dit, caractérise les
acides [1]. Cela vient de ce que, n'étant pas liquide et ne pou-

---

[1] Il en est de même de l'acide urique.

vant se fondre dans la bouche, il est sans action sur la langue,
organe du goût. Effectivement, tout corps solide qui ne peut
se dissoudre dans la salive est dépourvu de toute saveur.
Quoique privée de saveur aigre, la silice n'en est pas moins
un acide susceptible de se combiner avec les diverses bases
pour former des sels, auxquels on donne le nom de *Verres*.
Le verre à vitre résulte de la combinaison de l'acide silicique
et de la potasse ; c'est donc un *Silicate de potasse*.

3. Or, les cendres de la meule de paille renferment de la
potasse, comme le font toutes les cendres végétales. Si la
paille renferme en même temps de l'acide silicique, par l'effet de la haute température de la meule incendiée, les deux
matières se fondront, se combineront, et il en résultera du
verre. Telle est l'origine des produits vitrifiés trouvés dans
le tas de cendres. Dans la paille des céréales, il y a donc de
la silice, cette même substance qui compose la pierre à fusil,
et les cailloux qui font feu sous le briquet. Les cendres de
la paille de froment renferment jusqu'à 61 pour 100 de silice.
Cette énorme proportion de silice n'est pas particulière au froment : on en trouve des quantités pareilles dans le foin, le maïs
le sorgho, l'orge, l'avoine, et en général dans toutes les Graminées. On entend par Graminées l'ensemble des plantes
dont la tige est creuse, fortifiée de distance en distance par
des nœuds, et dont les feuilles sont longues et étroites. Dans
les climats chauds, quelques graminées, de grands roseaux,
renferment des quantités si considérables de silice, que leur
tige peut faire feu sous le briquet comme un silex.

4. De toutes les plantes que nous cultivons, le froment
est sans contredit celle qui nous rend les plus grands services. C'est la plante bénie par excellence. Pour toutes les
autres, nous en connaissons l'origine sauvage ; nous savons
en quel pays elles croissent sans les secours de l'homme,
et produisent de maigres fruits que la culture a su modifier
à notre avantage ; nous savons d'où vient la pomme de terre,
dont les tubercules à l'état sauvage ont la grosseur d'une

cerise ; nous connaissons la patrie de l'abricotier, de l'olivier, de la vigne, du cerisier, etc. Mais connaissons-nous la
patrie du froment? Non. L'homme l'a cultivé de tout temps,
et nul ne sait de quel pays il est originaire. Je l'appellerais
volontiers une plante divine, car il est difficile de ne pas
voir dans le froment un don providentiel fait à l'homme,
dans ses débuts en agriculture. Toutes les plantes sortent
des mains de Dieu, nous les devons toutes à sa bonté infinie ; mais aucune ne paraît avoir été créée d'une manière
aussi spéciale que le froment, en vue des besoins de l'homme.
Sans les soins de l'homme, le froment ne tarderait pas à
disparaître ; sans le froment, l'homme n'aurait plus le pain.

5. Et voyez, mes enfants, comme tout dans la divine
plante est admirablement disposé pour les services qu'elle
doit nous rendre. Elle est d'une croissance assez rapide pour
qu'elle puisse produire une récolte chaque année ; elle est
assez élevée pour que le grain soit à l'abri des insectes et
des impuretés du sol, et en même temps assez basse pour
être à portée de la main du moissonneur ; elle est assez
fluette pour qu'un champ en renferme des myriades de
pieds, et assez robuste cependant pour que l'épi ne traîne
pas à terre. Le chaume est rond et creux. C'est la forme qui,
pour une même quantité de matière, présente le plus de solidité : une géométrie savante le prouve. De distance en
distance, le chaume est garni de nœuds qui le fortifient ; de
ces nœuds partent les feuilles, dont la base en forme de four-
reau enveloppe la tige et en augmente encore la solidité.
Toutes ces délicates précautions ne sont pas encore suffisantes : le chaume est incrusté de la matière minérale la
plus dure, la plus résistante, la plus incorruptible ; il est
cimenté, pétri de silice !

Il serait impossible d'imaginer une structure plus savante. Aussi voyez avec quelle aisance l'épi alourdi par le
grain est porté par le chaume, si menu que, sans une organisation toute particulière, il fléchirait sous son propre poids.

7

Voyez avec quelle gracieuse souplesse, quelle élasticité se courbent, quand souffle le vent, les tiges d'un blé mûr. Alors la blonde moisson se soulève et s'affaisse, ondule en imitant les vagues de la mer.

6. Malgré tout ce qu'elle a d'admirable, la solidité de la tige des céréales a cependant une limite ; et par des pluies fortes et prolongées, par des vents trop violents, les chaumes finissent par être couchés. On dit alors que les blés ont versé. C'est un accident très-fâcheux : l'épi se développe mal, et la récolte est fort compromise. Quand la silice manque dans le sol, les tiges n'ont plus le degré de résistance nécessaire, et la récolte est plus sujette que jamais à verser.

7. La silice que la paille renferme ne peut venir que du sol. Celui-ci renferme bien du sable qui est de la silice ; mais sous cette forme elle n'est pas soluble dans l'eau, et ne peut par conséquent pénétrer dans la plante. Il faut donc qu'il y ait une autre source de silice. Cette source, c'est l'argile. L'argile renferme, en effet, comme partie essentielle, du silicate de potasse, qui, insoluble tel qu'il est dans le verre, est soluble en petite quantité tel qu'il est dans l'argile, à la faveur de l'acide carbonique. La chaux et l'écobuage augmentent la quantité de silice soluble. L'argile mise en présence de la chaux abandonne à l'eau de la silice soluble. Enfin l'argile légèrement calcinée cède seule et facilement de la silice soluble à l'eau chargée d'acide carbonique. Nous avons donc encore ici un exemple des effets favorables produits sur les terres argileuses par le chaulage et l'écobuage, puisque ces deux opérations donnent également naissance à de la silice soluble nécessaire à la prospérité des céréales, auxquelles conviennent particulièrement les sols argileux.

8. D'après ce qui précède, vous devez voir que les matières minérales du sol ne se bornent pas à servir de support à la plante, mais qu'elles jouent elles-mêmes un rôle dans son organisation. Toutes ne se trouvent pas dans les plantes en aussi grande quantité que la silice dans les graminées

mais, quelle qu'en soit la minime proportion, elles leur sont nécessaires tout autant que le carbonate de chaux est nécessaire à la poule pour faire la coque de l'œuf ; et le phosphate de chaux, aux animaux pour faire leurs os. Il est donc important de connaître la constitution minérale du sol. La leçon suivante sera consacrée à cette étude.

QUESTIONNAIRE

Qu'est-ce que l'acide silicique? (2) — Comment l'appelle-t-on encore? (2) — A-t-il la saveur aigre caractéristique des acides ? (2) — Qu'appelle-t-on verres? (2) — Qu'est-ce que le verre à vitre? (2) — Comment le fait-on? (2) — Comment se peut-il former du verre dans une meule de paille incendiée? (5) — Combien les cendres de paille de froment renferment-elles de silice? (5) — Qu'appelle-t-on graminées? (5) — Y a-t-il dans toutes de la silice? (5) — Que trouvez-vous de remarquable dans la structure du chaume du froment? (5) — Que signifient ces mots : la récolte a versé? (6) — Dans quels cas les blés sont-ils plus sujets à verser? (6) — D'où vient la silice de la paille? (7) — Quelle est la matière de l'argile qui fournit la silice? (7) — Comment cette silice peut-elle se dissoudre dans l'eau? (7) — Comment le chaulage et l'écobuage favorisent-ils les céréales? (7) — Les matières minérales du sol sont-elles utiles aux plantes? (8)

VINGT ET UNIÈME LEÇON

LE SOL

1. On appelle sol, terre végétale ou terre arable, la partie superficielle de la terre que fouillent nos instruments de labour, et où les plantes peuvent se développer. La terre

arable est formée de diverses matières minérales pulvéru-
lentes et de matières organiques. Ces dernières proviennent
de la décomposition des substances animales et végétales.

C'est une chose des plus instructives et des plus dignes
d'admiration, que la formation de la terre végétale. Pour
vous donner une idée des causes qui, depuis les temps les
plus reculés, ont peu à peu formé la masse énorme de terre
arable qui alimente la végétation actuelle, je vais me borner
à un exemple très-restreint. La géographie vous a appris ce
que c'est qu'un volcan. C'est une montagne dont le sommet
est creusé d'une immense excavation en forme d'entonnoir
et qu'on nomme cratère. Parfois la terre tremble dans le
voisinage d'un volcan ; des bruits formidables, pareils à de
lointaines détonations du canon, résonnent dans les profondeurs de la terre. Le cratère lance dans le ciel une haute
colonne de fumée, sombre le jour, rouge de feu la nuit.
Tout à coup la montagne se déchire, et vomit par les cre-
vasses un fleuve de feu, un courant de matière en fusion
qu'on appelle laves. Enfin la montagne s'apaise ; la source
du terrible courant tarit. Les laves elles-mêmes se figent,
cessent de couler ; et après un laps de temps qui peut em-
brasser des années entières, elles sont complétement re-
froidies. Que va maintenant devenir cette énorme couche
de laves noires, caverneuses, pareilles au mâchefer de la
forge du maréchal ; que va produire cette nappe volcanique
couvrant une étendue de plusieurs lieues carrées ?

2. Cette surface désolée, maudite, paraît destinée à ne
jamais se couvrir de verdure. En cela on se trompe : après
des siècles et des siècles la végétation aura fini par s'y établir. En effet, voici que l'air, la pluie, la neige, les gelées,
attaquent tour à tour la dure surface de la lave, l'égratignent
pour ainsi dire, en détachent de fines parcelles, et finissent
par produire un peu de poussière à ses dépens. Sur cette
poussière, apparaissent des plantes bizarres et robustes, ces
plaques blanches ou jaunes qu'on voit sur les pierres et qu'on

nomme lichens. Les lichens se collent sur la lave, la corrodent encore davantage et meurent, laissant un peu de ter-reau formé de leurs débris. Dans ce précieux terreau, conservé dans quelque cavité de la lave, viennent maintenant des mousses, qui en pourrissant en augmentent la quantité. Puis arrivent les fougères qui exigent de plus grandes provisions ; après celles-ci, quelques touffes de gazon ; et ainsi de suite, de sorte que chaque année la terre végétale s'accroît des nouveaux débris de la lave, et du terreau des générations mortes. C'est ainsi que de proche en proche une coulée de laves se couvre d'une maigre végétation.

3. La terre arable que nous cultivons a eu la même origine. Les roches stériles du voisinage, si dures qu'elles soient, calcaire, silex ou granit, en ont formé la partie minérale en se réduisant en poussière par l'action combinée de l'eau, de l'air et du froid ; et les générations végétales qui s'y sont succédé, à partir des plus simples, en ont formé le terreau. Remarquez comme dans la nature le moindre des êtres remplit admirablement son rôle, et concourt, dans la mesure de ses forces, à l'harmonie générale. Pour produire la terre végétale, il ne suffit pas des intempéries qui émiettent la roche la plus dure ; il faut encore des plantes assez robustes pour trouver à vivre sur ce sol ingrat ; il faut ces gazons coriaces, ces mousses, ces lichens, espèce de lèpre végétale qui ronge la pierre. C'est par l'intermédiaire de ces plantes élémentaires, en apparence si chétives et pourtant si robustes, que la poussière des roches s'enrichit de terreau et constitue un sol propre à nourrir les autres plantes plus délicates. Ce n'est pas dans les plaines cultivées que vous trouverez ces tapis serrés de mousses et de lichens, vaillants défricheurs de la pierre ; c'est sur la croupe abrupte des montagnes qu'on peut les voir à l'œuvre, s'incrustant sur la roche nue pour la convertir en terre végétale. C'est de ces hauteurs que la terre arable est descendue peu à peu, balayée par les pluies ; et est venue fertiliser les val-

lées. Le même travail se poursuit toujours : dans les régions montueuses, les plantes les plus infimes augmentent sans cesse la quantité de terre végétale. Les filets d'eau pluviale qui sillonnent ces régions, s'en emparent et la charrient dans les plaines. Quel sujet digne de nos réflexions que cette formation du sol arable par ces légions de plantes inférieures, ouvriers obscurs qui défrichent infatigablement le granit? Quels immenses résultats obtenus avec les moyens les plus simples ! Combien Dieu est grand dans ses œuvres, chers enfants, et comme on apprend à l'aimer à mesure qu'elles nous sont mieux connues !

4. On appelle *Sous-sol* la partie sur laquelle repose la terre arable, partie que n'atteignent pas nos instruments aratoires. La nature du sous-sol est très-variable. Tantôt c'est de l'argile, tantôt du sable, du gravier, des cailloux, tantôt la roche même qui compose les montagnes voisines. La composition du sous-sol est très-importante à considérer. Si elle se rapproche de la nature du sol, on peut augmenter l'épaisseur de celui-ci en faisant des labours plus profonds. Il peut se faire encore que le sous-sol soit apte à servir d'amendement. C'est ce qui a lieu, par exemple, quand le sol est sablonneux et le sous-sol argileux, et inversement. Un sous-sol sablonneux permet aux terres de s'égoutter, et pour ce motif, les améliore ; un sous-sol argilleux peut, au contraire, gâter un sol excellent, en empêchant l'écoulement des eaux, et provoquant ainsi la pourriture des racines.

5. Les principes indispensables à toute terre arable sont au nombre de quatre : le sable, l'argile, le calcaire et l'humus. Pris isolément, le sable, l'argile et le calcaire sont de fort mauvais terrains de culture; mais réunis, ils ne laissent rien à désirer. Il est inutile d'ajouter que l'humus doit toujours entrer dans ce mélange. L'humus forme du vingtième au dixième du poids total dans les sols riches, et le trentième dans les sols médiocres. Généralement, les terres arables renferment ces quatre principes, mais dans des

proportions fort variables. On donne au sol le nom du principe dominant; c'est ainsi qu'on a formé les dénominations de sols calcaires, siliceux, argileux et humifères, pour désigner les sols où domine soit le calcaire, soit le sable ou silice, soit l'argile, soit enfin l'humus. On emploie aussi des dénominations doubles. Quand on dit, par exemple, qu'un sol est argilo-calcaire, on entend par là que l'argile et le calcaire en sont les principes les plus abondants.

QUESTIONNAIRE

Qu'est-ce que le sol ou terre arable? (1) — Dites ce que vous savez sur la manière dont se forme la terre arable? (2) (3) — Quelles sont les plantes qui croissent les premières sur les débris des roches? (2) (3) — Quelle est l'action des intempéries dans la formation de la terre végétale? (2) (3) — La terre végétale des vallées s'est-elle formée sur place, ou vient-elle d'ailleurs? (3) — Se forme-t-il encore de la terre végétale? (3) — Quelles pensées vous inspirent ces aperçus sur la formation du sol? (3) — Qu'est-ce que le sous-sol? (4) — Comment le sous-sol peut-il quelquefois amender le sol? (4) — Comment, suivant sa nature, le sous- sol peut-il être favorable ou nuisible au sol? (4) — Quels sont les principes d'une terre arable? (5) — Quels sont les meilleurs terrains? (5) — Quelle est la proportion de l'humus? (5) — En combien de classes principales divise-t-on les différentes espèces de terres arables? (5)

VINGT-DEUXIÈME LEÇON

LE SOL

(SUITE)

SOLS SILICEUX

1. Les sols sablonneux ou siliceux doivent leur nom à la grande quantité de sable qu'ils renferment. Quand on délaye

un peu d'une terre siliceuse dans de l'eau et qu'on agite, le
sable, plus lourd, se dépose pendant que le reste est encore
en suspension dans le liquide ; et c'est d'après la quantité
plus ou moins grande de ce sable qu'on juge de la nature
plus ou moins siliceuse du sol. Les terrains sablonneux sont
peu consistants, très-perméables à l'eau, et faciles à s'échauffer par l'action du soleil, ce qui les rend très-sujets à la
sécheresse. Voici quelques détails sur les principaux sols
sablonneux.

2. L'un d'eux, le plus stérile de tous, est le sol des *Dunes*,
en entier formé de sable pur. En quelques localités, la mer
rejette sur le rivage d'immenses quantités de sable que le
vent amoncelle en longues collines appelées dunes. Les
côtes océaniques de la France présentent des dunes dans le
Pas-de-Calais, à partir de Boulogne ; en Bretagne, du côté
de Nantes et des Sables-d'Olonne ; et dans les Landes, depuis
Bordeaux jusqu'aux Pyrénées, sur une longueur de 60 lieues.
Dans le seul département des Landes, les dunes occupent
une superficie de 50 000 hectares. C'est un vaste désert où
se dressent d'innombrables collines de sable mouvant, sans
un arbrisseau, sans un brin d'herbe. Quel imposant spectacle que celui des dunes ! Du haut de l'une de ces collines,
où l'on ne parvient qu'en enfonçant dans le sable jusqu'aux
genoux, l'œil suit avec ravissement, jusqu'aux extrêmes
limites de l'horizon jaunâtre, les molles ondulations du
sol, la croupe arrondie et brillante des dunes ; le regard
s'égare dans ce chaos de buttes d'un blanc étincelant, dont
la crête balayée par le vent se couvre d'un brouillard de
sable et fume comme la vague fouettée par la tempête. C'est

monotone ondulation et l'infini d'une mer dont les flots
se gonflent et se dégonflent au souffle du vent ; seulement,
ici les vagues sont de sable et immobiles. Rien ne trouble le
silence de ces mornes solitudes, si ce n'est parfois le cri
rauque d'un oiseau de mer qui passe, et par intervalles ré-
guliers, la grande clameur de l'Océan, voilé par les derniers

mamelons des dunes. Malheur à l'imprudent qui s'engagerait dans ces régions sauvages un jour de tempête. Ce sont alors des nuages de sable lancés avec une force irrésistible, des trombes furieuses qui démantellent les dunes et en font tourbillonner les débris dans les airs. Quand la bourrasque a cessé, la configuration du sol n'est plus la même : ce qui était colline est devenu vallée, ce qui était vallée est devenu colline.

3. A chaque tempête, les dunes progressent vers l'intérieur des terres. Le vent soufflant de la mer fait peu à peu ébouler une dune dans la vallée suivante, qui se comble et devient dune à son tour ; et ainsi de suite jusqu'à la plus avancée qui s'écroule sur les terres cultivées. En même temps, la mer entasse de nouveaux matériaux sur le rivage pour constituer une nouvelle colline de sable marchant à la file des autres. C'est de la sorte que les dunes envahissent lentement les terres cultivées, et les recouvrent d'une énorme couche de sable stérile. Rien ne peut arrêter leur marche. Si une forêt se présente sur leur trajet, la forêt est ensevelie, et les cimes des plus grands arbres dominent à peine, comme de maigres buissons, les terribles montagnes de sable. Des villages entiers sont engloutis : habitations, église, tout disparaît sous le sable. Que faire devant un pareil ennemi, qui s'avance irrésistible, avec une régularité impitoyable, gagnant chaque année près de vingt mètres sur les terres cultivées, et ne respectant rien, ni moissons, ni édifices, ni forêts?

4. A l'aide d'un moyen bien simple et du ressort de l'agriculture, l'industrie de l'homme a fini par vaincre le redoutable fléau. Pour empêcher une terre en talus de s'ébouler, on l'engazonne, on la sème de plantes à racines profondes qui emprisonnent le sol dans un réseau. C'est ce qu'on fait pour les talus des chemins de fer, c'est ce qu'on a pratiqué aussi pour les dunes. Quelques végétaux robustes peuvent prospérer dans les sables des dunes. De ce nombre sont : le

pin, le genêt, et une graminée qui, dans les Landes, porte le nom de *Gourbet*. On sème sur les dunes de la graine de pin.mélangée de graine de genêt et de gourbet, et on couvre le tout de branchages pour empêcher le vent d'emporter les semences. Toutes ces graines germent à la fois. Les plantes de genêt, d'une croissance plus rapide, abritent les pins naissants, et dès ce moment la dune ne bouge plus, parce que le vent n'a plus de prise à travers la couverture de bourrée, et que les racines des plantes retiennent les sables. C'est ainsi qu'on a mis fin aux ravages des dunes, et que, tout en sauvant un pays de la destruction, on a créé de vastes forêts dont les revenus ne peuvent manquer d'être considérables ; car le pin maritime vient admirablement bien sur ces collines de sable.

5. On donne le nom de *Granite* à une roche composée en majeure partie de silice, et qui forme des montagnes entières, comme dans le centre de la France et en Bretagne. Le sol qui résulte des menus débris de cette roche est appelé *Sol granitique*. Il est peu favorable à la culture ; les châtaigniers y prospèrent cependant.

Le sol formé par les matières vomies par les volcans est encore un sol siliceux qu'on appelle *Sol volcanique*. Ce genre de terrain est en général noir, et quelquefois doué d'une grande fertilité.

Le sol *sablo-argileux* occupe les vallées que parcourent les grandes rivières. C'est le plus fécond et le plus facile à cultiver. Tels sont les sols des vallées du Rhône, de la Loire, de la Seine. Il est plus fécond encore s'il est submergé par les eaux à l'époque des crues. Le fleuve lui abandonne alors un limon fertile formé d'argile et de matières organiques balayées par les eaux.

On appelle terre de bruyère un sol formé de sable fin et d'humus provenant de la décomposition des feuilles de bruyère et d'autres plantes. La terre de bruyère ne s'emploie

que pour la culture des fleurs dans les jardins. Elle est un
exemple d'un sol *sablo-humifère*.

SOLS ARGILEUX

6. Les terres argileuses sont le contraire des terres sili-
ceuses. L'eau les fait gonfler et les réduit en une pâte tenace
qui adhère fortement aux instruments de labour. Une fois
mouillées, elles sont froides, c'est-à-dire qu'elles se dessèchent très-lentement. La bêche les divise en mottes compactes, lentes à s'émietter à l'air, et impropres à l'ensemen-
cement. Tous les soins de l'agriculteur doivent tendre à faire
écouler les eaux et à diviser la terre par des labours avant
et pendant les gelées. On les améliore avec le sable, les
marnes sablonneuses, les cendres de houille, la chaux. Le
froment prospère mieux dans les sols argileux que dans toute
autre nature de terrain. Tout sol qui contient plus de
85 pour 100 d'argile est tout à fait impropre à la culture.

7. Les sols *argilo-sablonneux* diffèrent des sols sablo-argileux en ce que l'argile est en plus forte proportion que le
sable dans les premiers, tandis que c'est l'inverse dans les
seconds. On les divise en *Terres fortes*, favorables aux bois
blancs, saules, peupliers ; et en *Terres franches*, très-fertiles
et favorables à toute espèce de culture.

SOLS CALCAIRES

8. Les sols calcaires sont blanchâtres à cause de leur principe dominant, la craie ou le calcaire. Complétement stériles
quand la proportion de carbonate de chaux est trop forte,
ils sont assez productifs quand à ce principe vient s'adjoin-
dre l'argile, soit naturellement, soit par les soins de l'homme.
Ils conviennent surtout à la vigne, à la luzerne, au sainfoin.
La Champagne et le midi de la France offrent des exemples
de cette classe de terrains.

Les principaux sont : le *Sol crayeux*, presque infertile, renfermant 95 pour 100 de craie, et le *Sol marneux*, composé d'argile et de craie. C'est ce dernier que l'agriculture emploie avec tant d'avantage pour marner les terres argileuses.

SOLS HUMIFÈRES

9. Les matières organiques provenant de la décomposition des feuilles et des divers débris végétaux, dominent dans les sols de cette classe, dont le principal est le *Sol tourbeux*. On appelle *Tourbe* une matière brune, spongieuse, qui se forme dans les bas-fonds humides par l'accumulation des débris végétaux et en particulier des mousses. La tourbe est utilisée comme combustible. Quoique formée de débris végétaux, elle ne renferme pas la partie active de l'humus, mais bien ce résidu inerte qu'on appelle pourri et dont je vous ai déjà parlé. Aussi un sol tourbeux est-il loin d'être fertile, d'autant plus qu'il est très-acide. Pour utiliser un sol pareil, il est indispensable de lui donner de la chaux pour faire disparaître l'acidité, et de l'ameublir par le desséchement, l'écobuage et l'addition de sable et de marne.

QUESTIONNAIRE

Quels sont les caractères des sols siliceux? (1) — Qu'est-ce que les dunes, et comment se forment-elles? (2) — Comment s'avancent-elles dans l'intérieur des terres? (3) — Quels ravages produisent-elles? (3) — Comment est-on parvenu à les fixer? (4) — Qu'est-ce qu'un sol granitique, — volcanique, — sablo-argileux, — sablo-humifère? (5) — Qu'est-ce que la terre de bruyère? (5) — Quels sont les caractères des sols argileux? (6) — Citez les principaux? (7) — Dites les caractères des sols calcaires? (8) — Quels sont les plus remarquables? (8) — Qu'est-ce que la tourbe? (9) — Comment améliore-t-on les sols tourbeux? (9)

VINGT-TROISIÈME LEÇON

LE COLMATAGE

1. C'est une bien belle histoire que celle de l'enfance de Moïse. Vous l'avez lue bien souvent dans l'Histoire sainte. Depuis Joseph, les Hébreux étaient établis en Égypte. Leur population croissante inspira des craintes au Pharaon [1]. Les Hébreux furent alors assujettis à une rude servitude, et employés à creuser les innombrables canaux de l'Égypte, à pétrir la brique, à tailler la pierre et à élever ces colossales pyramides qui existent encore de notre temps. Et cependant leur nombre augmentait toujours. Alors le Pharaon ordonna aux Hébreux d'exposer sur le fleuve, sur le Nil, tous leurs enfants mâles nouveau-nés. La mère de Moïse, Jocabed, dut obéir comme les autres à cet ordre barbare ; et ayant mis son fils dans un berceau de joncs enduit de bitume, elle l'exposa sur le fleuve. Marie, sœur de Moïse, veillait cependant de la rive sur le sort du pauvre enfantelet. Or, voilà que la fille du Pharaon vient à passer. Elle voit le berceau arrêté au milieu des joncs, et le fait prendre par une de ses femmes. L'enfant lui tend ses petits bras. La princesse en a pitié, l'adopte pour son fils, et le fait secrètement élever par sa propre mère, Jocabed, que Marie est allée promptement chercher.

2. Je ne continuerai pas cette admirable histoire, que vous savez du reste parfaitement. J'ai voulu seulement reporter votre esprit sur un des fleuves les plus curieux de la terre, sur le Nil. Vous avez entendu parler, peut-être même

---

[1] Pharaon signifie roi. Cette dénomination s'applique donc à tous les anciens rois de l'Égypte.

avez-vous été témoins de ces terribles inondations dont la Loire et le Rhône nous donnent, de loin en loin, de bien tristes exemples. Grossi par des pluies torrentielles et par la fonte des neiges, le fleuve sort de son lit, répand au loin dans la campagne ses eaux bourbeuses, déracine les arbres, balaye les récoltes, renverse les habitations, en écrase les habitants sous les ruines, et menace même d'engloutir les villes. Dieu tout-puissant, préservez-nous de ces calamités !

3. Le Nil est aussi sujet à des crues de ce genre ; mais, au lieu d'apparaître à de longues années d'intervalle, le débordement du Nil s'effectue invariablement chaque année ; et pendant trois mois, l'Égypte est un immense lac d'eau bourbeuse. Vous allez vous apitoyer sur le sort des habitants de ce pays, qui voient se renouveler chaque année les épouvantables misères de nos inondations. Mais rassurez-vous : en Égypte, l'inondation est attendue avec impatience ; elle est un sujet de fêtes, de réjouissances ; et si elle n'était pas assez forte, tout le pays serait plongé dans la consternation. C'est le renversement complet de nos idées en fait d'inondations. Les grandes crues réjouissent la vallée du Nil ; elles épouvantent la vallée du Rhône. Pourquoi cette différence ?

4. En Égypte, il pleut très-rarement ; et, si le Nil ne couvrait pas la terre par intervalles, ce pays, au lieu d'être le plus fertile du monde, serait totalement stérile, inhabitable. Mais au mois de juin, grossi par les grandes pluies qui tombent en Abyssinie, où il prend sa source, le Nil sort de son lit et couvre toute l'Égypte. Les villes et les villages, qu'on a eu soin de construire sur des buttes artificielles, se trouvent hors des eaux ; tout le reste est un grand lac d'où s'élèvent seulement les hautes tiges des palmiers. Les communications ne sont pas interrompues cependant d'un village à l'autre : de nombreuses barques qui circulent sur les eaux, et les chaussées qui relient les villages, permettent toujours la circulation. Pendant trois mois, la terre reste sous les eaux ;

puis le Nil rentre dans son lit, laissant dans les champs un limon qui leur donne une fertilité extraordinaire. C'est alors que l'agriculteur se met à l'œuvre : le sol est labouré sans autre engrais que le limon du Nil, le grain est jeté dans le sillon ; et, dès le mois de février, l'Égypte est couverte d'opulentes moissons, qui n'ont coûté à l'homme que la semence et quelques faibles labours, le Nil ayant fait tout le reste.

5. Tous les fleuves, sans être aussi bienfaisants que le Nil, déposent sur les terres inondées un limon fertile. Les mille petits filets d'eau dont la réunion doit constituer un fleuve, lavent la croupe des montagnes, entraînent l'humus des forêts, charrient des particules minérales, et le tout se dépose, là où les eaux sont tranquilles, pour constituer un engrais naturel : le limon. C'est ainsi que se sont formées ces terres arables, remarquables par leur fécondité, et qu'on trouve dans les vallées des grands fleuves, ces sols argilo-sablonneux des vallées du Rhône, de la Loire, de la Seine, etc., dont je vous ai déjà parlé. Ces terres sont des greniers d'abondance. Les inondations des fleuves les ont faites de toutes pièces en une longue série de siècles. A côté des ravages des inondations, se trouve donc un plus grand bien, comme après les rares accidents causés par la foudre, se trouve un bien immense : l'épuration de l'atmosphère. Tout est réglé pour le mieux ; et, si dans ces grands rouages des phénomènes naturels, l'homme est quelquefois saisi et rudement éprouvé, ne nous pressons pas d'en accuser la Providence. C'est à nous, par notre industrie, notre travail, notre prévoyance, à nous mettre en garde contre ces phénomènes, qui bien souvent ne deviennent des fléaux que par suite de notre ignorance, de notre paresse, de notre incurie. L'homme serait-il le roi de la création pour demeurer témoin impassible des opérations de la nature ? Non, mais bien pour les utiliser à son profit quelles qu'elles soient. En nous permettant ainsi d'apporter notre faible concours à l'harmonie générale des choses, Dieu nous associe, pour ainsi dire, à sa Providence,

et nous fournit l'occasion de ce labeur pénible et méritoire, destinée de l'homme, qui ne doit manger son pain qu'à la sueur du front. Mais une vie trop facile amène la mollesse, tue l'esprit d'invention. Il nous faut la lutte, il nous faut l'aiguillon de la nécessité pour éveiller nos facultés. Qui sait si Dieu, dans sa sagesse infinie, n'a pas voulu tenir sans cesse en éveil les précieuses facultés dont il nous a doués, en accordant tout pouvoir sur nous à ces impitoyables forces naturelles qu'il nous faut vaincre une à une, et que nous faisons souvent tourner à notre avantage? Rappelez-vous la foudre, que l'homme a mise à son service dans la télégraphie électrique ; rappelez-vous les dunes, converties en riches forêts ; rappelez-vous l'Égypte. Que serait ce pays sans le Nil? Un désert poudreux. — Et avec le Nil? Un marécage infect. Mais la main de l'homme est venue; elle a creusé des canaux pour répandre partout l'eau féconde ; elle a élevé des digues pour y asseoir les habitations ; et, grâce à son industrie, l'Égypte est la contrée la plus fertile du monde.

6. L'action fertilisante des eaux limoneuses des fleuves est utilisée dans une opération agricole qu'on appelle *Colmatage*. Prenons un exemple. Voici, dans le voisinage d'une rivière fort limoneuse, un sol caillouteux d'une complète stérilité. C'est à peine si quelques maigres touffes de gazon y trouvent leur subsistance. Un homme industrieux creuse un canal et amène les eaux troubles de la rivière sur ce sol, dont il a élevé les bords en forme de petites digues. Il suspend l'arrivée de l'eau quand cette espèce de bassin est rempli. L'eau du bassin finit par disparaître, bue par le sol ou évaporée par la chaleur solaire, et il reste une mince couche de limon. Le bassin est de nouveau rempli, ce qui produit une nouvelle couche de limon. et ainsi de suite, pendant des années entières si c'est nécessaire. La végétation ne tarde pas à se développer dans cet étang artificiel : les roseaux, les joncs et autres plantes aquatiques y viennent en abondance, pourrissent sur place,

et augmentent la quantité d'humus. Enfin la couche de terre végétale est suffisante : l'eau cesse d'arriver sur le sol, qu'on laisse dessécher. Alors surviennent de forts attelages qui défoncent le sol et enterrent la végétation. Si vous revenez quelque temps après, vous trouvez le sol primitif de cailloux converti, comme par enchantement, en luxuriantes prairies, en terres à blé couvertes de riches moissons. C'est ainsi que, par ses soins, l'art agricole transforme en terres fertiles des sols que leur nature condamnait à une éternelle et complète stérilité. Il détourne à son profit une boue que la rivière aurait inutilement charriée à la mer, et le miracle est fait. De grands bœufs paissent, avec de l'herbe jusqu'au poitrail, là où la sauterelle ne trouvait rien à pâturer.

QUESTIONNAIRE

A quelle époque a lieu l'inondation du Nil? (4) — Combien de temps les eaux couvrent-elles l'Égypte? (4) — Comment les villages sont-ils préservés de l'inondation? (4) — Quels effets produit le limon du Nil sur les terres de l'Égypte? (4) — Quelle est l'époque de la moisson en ce pays? (4) — Tous les fleuves charrient-ils un limon fertile comme le fait le Nil? (5) — Comment se sont formées les terres arables des vallées des grands fleuves? (5) — A côté des ravages des inondations n'y a-t-il pas un plus grand bien produit? (5) — Qu'est-ce que le colmatage? (6)

VINGT-QUATRIÈME LEÇON

LE DRAINAGE

1. Pierre, pourquoi y a-t-il un trou au fond des vases où l'on plante les fleurs, et pourquoi couvrez-vous ce trou d'un tesson?

Cette demande était adressée à un jardinier de son voisinage, par un petit garçon qui aime beaucoup les fleurs et essaye d'en cultiver. Pierre, qui voulait laisser à son jeune ami le mérite de trouver lui-même la réponse à sa question, lui dit :

Bouche le trou des vases où tu as planté les pensées que je t'ai données, et tu verras.

L'enfant ferma ce trou avec un bon bouchon, et voilà que quinze jours après il revient chez le jardinier et lui dit :

J'ai fait comme vous me l'aviez dit, et mes pensées sont mortes : leurs racines se sont pourries. Cependant je les arrosais bien.

Je savais que cela t'arriverait, dit Pierre; mais pour te dédommager, voici d'autres pensées plus belles que les premières. Pour celles-ci ne bouche pas le trou du vase, mais couvre-le simplement d'un tesson.

Et il fut fait comme le conseillait le jardinier : les pensées prospérèrent, leurs racines ne pourrirent pas, et le petit garçon s'aperçut bientôt que lorsqu'il arrosait ses fleurs, la terre, après s'être imbibée, laissait écouler le surplus de l'eau par l'orifice du vase que le tesson empêchait d'être obstrué par la terre. Il s'aperçut que c'était l'eau sans écoulement qui avait fait pourrir les racines dans le cas où le fond des vases était bouché.

2. Vous qui me lisez, vous connaissez mieux que le petit garçon dont je vous parle, l'utilité de l'orifice du fond des vases, sans cependant vous être jamais rendu bien compte de ce qui se passe à la faveur de cet orifice. Prêtez-moi votre attention, et vous verrez la minime question faite à Pierre se rattacher à une des plus belles opérations agricoles.

3. L'eau est d'une nécessité absolue pour les plantes, car c'est à sa faveur que les diverses substances nutritives contenues dans le sol se dissolvent et arrivent dans les plantes par la voie des racines. Il faut donc que la terre où plongent ces racines soit constamment pourvue d'un certain degré d'humidité fournie par les pluies ou par des arrosages. Mais l'air n'est pas moins indispensable aux racines, en particulier parce que l'oxygène, en consumant lentement le terreau, fournit sans cesse aux racines et à leur proximité un faible dégagement d'acide carbonique, qui est absorbé directement, ou employé à dissoudre quelques principes minéraux nécessaires à la vie des plantes. Ainsi la terre, pour que la végétation y prospère, doit contenir tout à la fois de l'eau et de l'air. Mais, si le fond du vase est bouché, ou si l'orifice en est obstrué par la terre, l'eau d'arrosage ne s'écoulera pas. Il n'y aura plus alors de place pour l'air ; et, ce principe manquant, les racines pourriront. Au contraire, si l'eau, après avoir imbibé la terre, s'écoule librement par le fond, la terre humide sera comme une éponge où l'air pénétrera de toutes parts, et la plante prospérera.

4. Ce raisonnement s'applique aux plus grandes cultures tout aussi bien qu'à la culture d'un pied de pensées dans un pot. L'eau, après avoir mouillé le sol, doit s'écouler, sinon les racines pourriront faute d'air. Voilà pourquoi les terres argileuses, qui une fois imbibées d'eau la retiennent avec force, sont défavorables aux cultures; tandis que les terres légères, sablo-argileuses, qui laissent l'eau s'écouler aisément, leur sont favorables. C'est encore pour les mêmes motifs qu'un sous-sol sablonneux convient à la végétation.

et qu'un sous-sol argileux lui est contraire. Avec un sous-sol sablonneux, on est dans les mêmes conditions qu'avec un vase ouvert au fond : le surplus de l'eau s'écoule, et l'air arrive ; avec un sous-sol argileux, on est dans les conditions d'un vase fermé par le bas : le surplus de l'eau ne s'écoule pas, et l'air ne peut arriver jusqu'aux racines.

5. Maintenant imaginez un sol marécageux. A cause de l'eau stagnante, soit à la surface, soit à l'intérieur à une faible profondeur, rien ne peut y venir si ce n'est quelques plantes robustes, comme les joncs, que la nature a destinées à vivre en des lieux pareils. On creuse jusqu'à la surface du sous-sol, à une profondeur que les racines ne puissent atteindre, de petits fossés dont on remplit le fond de cailloux et qu'on achève de combler avec la terre de l'excavation. Ces fossés, cachés sous terre, sont convenablement inclinés, et vont aboutir au point le plus bas dans un canal principal. L'eau dont le sol est imbibé comme une éponge, s'amasse dans ces fossés, coule à travers le lit de cailloux, et va se jeter dans le canal principal qui l'amène au loin dans quelque cours d'eau. Maintenant notre sol marécageux est comme le vase ouvert par le fond ; l'air peut pénétrer dans sa masse et lui donner la fertilité qu'il n'avait pas. L'opération que je viens de vous décrire s'appelle *Drainage*, d'un mot anglais qui veut dire dessécher. Du même mot nous avons fait le verbe *drainer* et le substantif *drain* par lequel on désigne les canaux, les tuyaux nécessaires au drainage.

6. Le drainage pratiqué comme je viens de vous le dire est le plus simple, mais il présente un grave inconvénient. Les lits de cailloux ne tardent pas à être obstrués par la terre que l'eau entraîne, et l'écoulement cesse. Aussi remplace-t-on les cailloux par des fagots de branchage qui s'obstruent moins facilement. Mais on réussit encore mieux avec des canaux en terre cuite que l'on dispose au fond des fossés. Ces canaux sont formés de tuiles dites *tuiles à drain*, analogues aux tuiles des toits, reposant sur des tuiles plates

appelées *semelles*. Enfin, on emploie encore des tuyaux complets en terre cuite que l'on emboîte à la file l'un de l'autre ; l'eau pénètre dans le canal par la jointure des tuyaux.

7. Le drainage ne se borne pas à faire égoutter un terrain trop humide, à favoriser l'accès de l'air jusqu'aux racines des plantes ; il entretient aussi dans le sol une fraîcheur constante due à l'eau qui peut séjourner dans les drains. Quand un tas de sable est baigné par l'eau à sa base, on voit l'humidité gagner de proche en proche et parvenir jusqu'au sommet du tas. De même, l'eau des canaux de drainage s'infiltre pendant la sécheresse de bas en haut, et remonte jusqu'aux racines ; de sorte que l'eau inutile et même nuisible en certains moments est tenue comme en réserve, et graduellement distribuée au moment opportun.

8. Un autre avantage du drainage, c'est d'empêcher le trop grand refroidissement du sol occasionné par une longue évaporation de l'eau. En se réduisant en vapeurs, l'eau prend aux corps environnants la chaleur que nécessite ce changement d'état ; de là une source de refroidissement pour les corps au contact desquels s'effectue l'évaporation. Quand on sort du bain, la mince couche d'eau qui couvre le corps s'évapore, et l'on éprouve une vive sensation de froid. De même, l'eau qui s'évapore continuellement à la surface d'un sol humide, refroidit ce dernier et en fait une terre froide. Mais si l'eau s'écoule par l'effet du drainage, l'évaporation n'a plus lieu et le refroidissement cesse. Or, une température élevée est toujours propice à la végétation.

9. En résumé, les avantages du drainage sont au nombre de quatre : 1° le terrain est égoutté et assaini ; 2° l'air arrive aisément jusqu'aux racines des plantes ; 3° une humidité convenable se maintient autour des racines par l'effet de l'eau des drains ; 4° le refroidissement du sol n'est plus aussi considérable. — Ces avantages sont tellement impor-

tants qu'on ne se borne pas à appliquer le drainage aux sols marécageux, sans cela tout à fait improductifs, mais qu'on l'applique aussi aux terres arables ordinaires. Toutes les fois que le sol est trop argileux, ou même lorsque le sol est bon mais le sous-sol argileux, les eaux pluviales ne peuvent s'écouler facilement, et la terre est humide et froide. A la longue cependant, le sol se dessèche; mais la terre, non divisée par l'interposition de l'air, se prend en masse compacte; de sorte que les racines sont tour à tour noyées dans une bouillie, ou emprisonnées dans une terre tenace cuite par le soleil. Le drainage remédie à ces divers inconvénients. Si les terres légères n'ont que peu ou point à gagner au drainage, toutes les terres fortes, grasses, sur lesquelles les eaux pluviales séjournent quelque temps avant de s'y infiltrer, gagnent considérablement à cette opération.

QUESTIONNAIRE

L'eau et l'air sont-ils nécessaires aux racines des plantes? (3) — Quel est leur rôle? (3) — Quelle est l'utilité de l'orifice laissé au fond des vases où l'on plante les fleurs? (3) — Pourquoi les terres légères sont-elles plus favorables à la végétation que les terres fortes? (4) — Quel est le meilleur sous-sol? (4) — Qu'est-ce que le drainage? (5) — Quelle est la manière la plus simple de le pratiquer? (5) — Quelles sont les autres méthodes de drainage? (6) — Qu'est-ce que les drains? (5) — Comment le drainage entretient-il une fraîcheur convenable dans le sol? (7) — Comment empêche-t-il un trop grand refroidissement du sol? (8) — Pourquoi l'évaporation de l'eau est-elle une cause de refroidissement? (8) — Qu'est-ce qu'une terre froide? (8) — Résumez les divers avantages du drainage (9) — Dans quels cas le drainage est-il avantageux? (9) — Dans quels cas est-il inutile? (9)

VINGT-CINQUIÈME LEÇON

L'ASSOLEMENT

1. Ah! la superbe récolte de blé que le père Mathieu a obtenu cette année! Il faut dire aussi qu'il s'est bien donné de la peine, le digne homme. La terre l'a amplement récompensé de ses soins. Le père Mathieu a fait deux parts de sa récolte : il a vendu l'une, et a gardé l'autre pour lui. Il est revenu du marché où il avait apporté ses sacs de blé, avec de belles piles d'écus qu'il a enfermés dans une bourse de cuir, en un recoin de l'armoire; et maintenant il combine, il recombine le moyen de tirer le meilleur parti de son argent. D'abord, il achètera une paire de bœufs qu'il désire depuis longtemps; puis il augmentera son troupeau de moutons; puis il fera drainer une terre humide qui ne lui rapporte rien, mais qui deviendra par le drainage une belle prairie. Puis que fera-t-il encore? Ce ne sont pas les projets qui manquent au père Mathieu, mais les écus s'épuisent, et il s'en tiendra là pour le moment.

2. Mais l'année prochaine, lui direz-vous, votre champ vous donnera une pareille récolte de blé; et, au lieu d'une paire de bœufs, vous en aurez deux; au lieu de cent moutons, vous en aurez deux cents. Ce n'est pas là l'avis du père Mathieu. Savez-vous ce qu'il se propose de cultiver dans sa terre? Rien du tout : il veut la laisser sans récolte. Ah! le paresseux, allez-vous vous écrier, qui ne veut plus travailler maintenant qu'il a quelque argent! En cela vous avez tort : le digne homme ne craint pas le travail, il ne veut pas se reposer, mais il veut laisser reposer sa terre.

3. Est-ce que la terre se fatigue, et peut avoir besoin de

repos? — Quand on dit qu'un sol est fatigué, c'est une manière de parler par laquelle on veut dire qu'il est épuisé par les récoltes produites. Les récoltes, en effet, enlèvent au sol une grande quantité de substances nécessaires à la vie des plantes; et, lorsque ces substances ne sont plus en suffisante quantité, le sol se refuse à produire, il est épuisé. Pour lui rendre sa fertilité première, il faudrait de trop grandes dépenses en engrais; aussi est-il plus avantageux de ramener cette fertilité par l'un des moyens suivants.

4. Quelquefois la terre est mise en *friche*, c'est-à-dire qu'elle est abandonnée à elle-même sans aucun soin pendant des années entières. Les mauvaises herbes y croissent librement. Pendant ce temps, l'eau, l'air et les gelées agissent sur le sol, le divisent, l'ameublissent et y provoquent la formation de divers sels nécessaires à la végétation. Les mauvaises herbes se convertissent en terreau, et finalement la terre reposée est apte à produire une nouvelle récolte. L'amélioration du sol par la mise en friche est très-lente; il lui faut plusieurs années. On abrége ce temps en donnant au sol quelques labours, en y apportant même des engrais, bien qu'on ne se propose pas de l'ensemencer. On dit alors, que la terre est en *jachère*. C'est le moyen que veut adopter le père Mathieu. Sa terre ne lui rapportera rien, lui coûtera même assez en labours et en engrais; mais aussi la prochaine récolte vaudra la précédente, si le ciel, seul dispensateur de la pluie et du soleil, lui vient en aide.

5. Il y a cependant un moyen d'obtenir sans interruption des récoltes d'une même terre, à moins qu'elle ne soit très-peu féconde; et c'est ce moyen que le père Mathieu aurait dû employer. Malheureusement il a ses idées là-dessus, et lui faire entendre raison n'est guère facile. — Toutes les plantes se nourrissent aux dépens du sol et de l'atmosphère; mais les unes prennent plus dans l'atmosphère, les autres prennent plus dans le sol. Les plantes qui puisent

principalement leur nourriture dans l'air, sont celles dont
le feuillage est très-développé. La pomme de terre est dans
ce cas. Vous savez, en effet, que c'est par les feuilles que
les plantes absorbent l'acide carbonique de l'air. Plus
les feuilles seront amples et nombreuses, plus cette absorption sera abondante. Les plantes qui empruntent presque
tout au sol sont celles dont les feuilles rares, petites, maigres,
ne puisent que très-peu d'acide carbonique dans l'air. Tel
est le blé.

6. D'autre part, on ne prend de la pomme de terre que
les tubercules, qui ne forment qu'une petite partie de la
plante entière ; tandis qu'on enfouit dans le sol les fanes,
qui se convertissent en humus. La pomme de terre a donc
la propriété d'enrichir le sol aux dépens des matières
qu'elle a puisées dans l'air ; elle lui rend plus qu'elle ne lui
prend. On lui donne pour ce motif le nom de *Plante améliorante*. Les céréales, au contraire, sont utilisées en entier,
la paille comme le grain ; il n'en reste dans la terre que
les maigres racines ; et comme elles empruntent presque
tout au sol, elles lui prennent beaucoup plus qu'elles ne lui
rendent. Ce sont des *Plantes épuisantes*.

7. Il y a donc impossibilité, à moins de se ruiner en
engrais, d'obtenir chaque année une récolte de céréales sur
une même terre. Mais en faisant succéder les pommes de
terre au blé ; puis, le blé aux pommes de terres, qu'arri-
verait-il ?

Celles-ci, se nourrissant en grande partie aux dépens de
l'air, pourraient prospérer dans le sol épuisé relativement
au blé ; et leurs fanes enfouies rendraient au sol sa fécondité
première. Le blé pourrait alors y être de nouveau cultivé
avec succès. Cette pratique, qui consiste à faire succéder
sur un même sol des cultures différentes qui se nuisent
mutuellement le moins possible, a reçu le nom d'*Assolement*. Elle a pour but de diminuer la quantité d'engrais,
tout en permettant des récoltes continues. Le principe

fondamental des assolements consiste à faire succéder une plante améliorante à une plante épuisante, c'est-à-dire une plante à feuilles très-développées à une autre à feuilles maigres. Les principales plantes améliorantes sont : le trèfle, la luzerne, le sainfoin, la pomme de terre, les navets, les betteraves. Les céréales, au contraire, sont toutes des plantes épuisantes. Il en est de même du maïs et du sarrasin.

8. Au lieu de cultiver tour à tour le blé et les pommes de terre dans le même sol, comme je l'ai supposé dans l'exemple précédent, on y cultive d'ordinaire une série plus ou moins longue de plantes différentes, série qui s'épuise au bout de quatre, cinq, six ans ou davantage, pour recommencer dans le même ordre. On appelle *Rotation* l'ordre de cette série. On dit que la rotation est de cinq, six ans, etc., pour désigner que tous les cinq ans ou tous les six ans la même série de cultures recommence. Voici un exemple d'une rotation de six ans :

1ʳᵉ année,	Pommes de terre,	plante améliorante.
2ᵐᵉ année,	Froment,	plante épuisante.
3ᵐᵉ année,	Trèfle,	plante améliorante.
4ᵐᵉ année,	Froment,	plante épuisante.
5ᵐᵉ année,	Sainfoin,	plante améliorante.
6ᵐᵉ année,	Avoine,	plante épuisante.

9. Rendons-nous compte de la rotation prise ci-dessus pour exemple. La première année, le sol est fortement fumé. L'un des effets de la fumure, c'est de susciter l'apparition d'une foule de mauvaises herbes, qui infesteraient le terrain et appauvriraient la récolte, si elles n'étaient soigneusement enlevées. De là, la nécessité du *Sarclage*. Sarcler une culture, c'est en enlever les mauvaises herbes, soit à la main, soit à l'aide d'un instrument. Toutes les plantes ne se prêtent pas également bien au sarclage : il faut qu'elles soient assez espacées, sinon elles seraient foulées aux pieds pen-

dant cette opération. Il est difficile de sarcler le blé, mais
on sarcle les pommes de terre sans aucun obstacle. Or, par
le sarclage, on détruit tous les herbages inutiles, nuisibles
même ; on empêche leur prochaine réapparition en les arra-
chant avant que leurs graines soient mûres ; enfin on nettoie
parfaitement le sol et on le dispose à recevoir une culture
plus délicate. C'est ce qui explique le grand avantage qu'il
y a à faire précéder la culture des céréales par celle des
pommes de terre, ou de toute autre plante soumise au sarclage.

10. La seconde année, arrive le froment. Nettoyée par la
culture précédente, la terre ne se couvre plus de plantes
sauvages. Elle n'exige pas de nouveau fumier, car si les tubercules de la pomme de terre lui ont enlevé certains principes, ces principes ne sont pas les mêmes que ceux que le
froment demande ; et d'ailleurs, les fanes, enfouies et de-
venues du terreau, compensent, par ce qu'elles ont puisé
dans l'atmosphère ce que les tubercules ont pu enlever au
sol. Le froment vient donc maintenant à propos.

Mais ce serait fort mal entendre ses intérêts que d'exiger du
sol une autre récolte de froment la troisième année. Épuisé
par le grain qu'il vient de produire, le sol ne donnerait
qu'un maigre résultat, à moins d'employer de nouvelles
masses de fumier, ce qui changerait une opération d'agriculture en une opération de jardinage, et entraînerait dans des
dépenses trop considérables. C'est pourquoi la troisième
année est consacrée à la culture d'une plante améliorante,
du trèfle par exemple. Après avoir été employé comme
fourrage, le trèfle est enfoui à sa dernière coupe : et tous ses
débris, racines, tiges, feuilles, convertis en terreau, rendent
le sol apte, la quatrième année, à recevoir de nouveau du
froment. Une autre plante améliorante, enfouie à la dernière
coupe de fourrage, est nécessitée pour les mêmes motifs la
cinquième année. Cette plante améliorante peut être du
ainfoin. Après, arrive une dernière culture de céréales,

celle de l'avoine, par exemple. La rotation est maintenant terminée, et la même série d'opérations recommence.

On peut varier d'une foule de manières la succession des cultures, on peut donner à la rotation une durée plus ou moins longue, mais on ne doit s'écarter que le moins possible de cette règle : **Toute culture de céréales doit être précédée d'une culture améliorante.**

QUESTIONNAIRE

Que signifie cette locution : le sol est fatigué? (3) — Qu'est-ce que la mise en friche? (4) — Comment la mise en friche améliore-t-elle une terre? (4) — Qu'est-ce que la mise en jachère? (4) — Quelles sont les plantes qui empruntent le plus au sol? (5) — Quelles sont celles qui empruntent le plus à l'atmosphère? (5) — Donnez des exemples. (5) — Qu'entendez-vous par plantes améliorantes, — par plantes épuisantes? (6) — Donnez des exemples. (7) — Peut-on obtenir chaque année d'une même terre une récolte de céréales? (7) — Qu'entend-on par assolement? (7) — Quel est le but de l'assolement? (7) — Quel en est le principe fondamental? (7) — Qu'appelle-t-on rotation? (8) — Donnez-en un exemple. (8) — Expliquez l'avantage que présente la culture d'une plante sarclée, la première année? — (9) Quel rôle remplissent le trèfle et le sainfoin dans la rotation prise pour exemple? (10) — Quelle est la règle capitale d'une bonne rotation? (10).

CONCLUSION

Expérience passe science ; c'est au milieu des champs et par un travail assidu que se forme le bon agriculteur. Un livre, si bien fait qu'il soit, ne peut seul faire de vous des hommes habiles en agriculture ; et encore moins celui-ci, qui, pour être à votre portée, est réduit aux notions les plus élémentaires. A la lecture, il faut joindre la pratique, qui seule enseigne les mille détails dont l'art agricole se compose ; il faut mettre la main à l'œuvre pour acquérir des connaissances vraiment solides. Quelle est alors l'utilité d'un livre en agriculture ?

Ce n'est pas le livre qui vous a fait connaitre le blé ; certes, vous le connaissiez avant. Que de fois n'aviez-vous pas folâtré sur la paille des aires, que de fois n'aviez-vous pas prêté votre faible concours aux travaux de la moisson ; et cependant il est à croire que vous n'aviez jamais réfléchi sur la structure d'une tige de blé. Qu'a fait le livre ? Il vous a expliqué cette structure, il vous a révélé des détails péniblement acquis par la science, et à ces détails admirables vous avez reconnu la main toute-puissante de Dieu. Vous l'avez également reconnue dans les transformations miraculeuses du charbon, dans les voyages continuels de cette substance de l'atmosphère aux êtres vivants, et de ceux-ci à l'atmosphère; vous l'avez reconnue dans les nuages, qui viennent de la mer, versent la fécondité sur la terre, et retournent par les fleuves à la mer; vous l'avez reconnue dans le travail incompréhensible des plantes, qui, d'une ordure infecte, retirent la saveur et le parfum des fruits; vous l'avez reconnue à chaque pas, pour ainsi dire, que nous avons fait dans ces études. Le soleil se dévoile à l'aveugle par sa chaleur vivifiante; Dieu est aussi voilé pour nos sens imparfaits, mais il se révèle par ses œuvres, et nous l'aimons d'autant plus qu'elles nous sont mieux connues. Si la lecture du livre a pu vous faire entrevoir quelques-unes des magnificences des œuvres de Dieu, même dans le modeste domaine des phénomènes agricoles; si, en éveillant en vous l'esprit d'observation, elle vous a rendus plus aptes à profiter du haut enseignement que nous donne toute la création, jusqu'au moindre brin d'herbe, l'utilité du livre est manifeste : le livre aura contribué, pour sa faible part, à graver dans votre âme l'idée fondamentale, source de tout bien, de toute vertu, de toute justice; l'idée qui seule soutient le courage au milieu des rudes tribulations de la vie; l'idée qui seule fait des hommes vraiment dignes de ce nom; — l'idée de Dieu partout présent.

Le livre a encore un autre genre d'utilité. Faire ne suffit pas, on désire savoir ce que l'on fait. Une louable curiosité nous porte à rechercher le comment et le pourquoi des choses. C'est là un besoin irrésistible de l'esprit, et la satisfaction de ce besoin constitue la meilleure et la plus noble des jouissances. Semer le blé et moissonner la récolte, c'est chose excellente; mais l'esprit exige davantage : il veut savoir aussi, autant que possible, comment se produit le blé, avec quelles substances le grain se forme et se nourrit. C'est ce qu'apprend le livre. Non, je ne me trompe pas en affirmant que vous éprouvez une douce satisfaction, maintenant que vous pouvez vous rendre un peu compte du rôle merveilleux du sol, de l'air, de l'eau, du charbon, etc., dans la végétation.

Enfin le livre a une utilité purement matérielle. Si grande que soit l'expérience d'un seul, elle ne vaut pas l'expérience de tous. Or le livre, c'est le résumé de l'expérience de tous, c'est le relevé de tout ce qui se met en œuvre, de tout ce qui se pratique en agriculture, ici, là et ailleurs. On peut donc y puiser d'heureuses inspirations, même lorsqu'on possède déjà l'expérience des travaux agricoles. Mais vous, enfants, qui n'avez encore jamais mis la main à la charrue, vous qui avez tout à apprendre, en attendant que l'âge vous permette d'acquérir expérimentalement les connaissances agricoles, vous les apprenez dans le livre. Quand vous serez grands et que, l'aiguillon à la main, vous guiderez dans le sillon la marche patiente des bœufs, vous vous souviendrez de vos lectures du jeune âge ; le livre vous reviendra en mémoire, et vous le consulterez encore avec plaisir, avec fruit.

FIN.

TABLE DES MATIÈRES

PARIS. — TYP. SIMON RAÇON ET COMP., RUE D'ERFURTH, 1.

A LA MÊME LIBRAIRIE

LA SCIENCE ÉLÉMENTAIRE, collection de petits traités pour servir de lectures courantes dans toutes les écoles, par M. Henri Fabre, docteur ès sciences, professeur de chimie au Lycée impérial et aux écoles municipales d'Avignon, comprenant :

Chimie agricole. Nouvelle édition. 1 vol. in-18, cart. 1 20

Ouvrage autorisé par Son Exc. le ministre de l'Instruction publique.

Physique, avec fig. intercal. dans le texte. 1 vol. in-18 jésus, cart. 2 »

La Terre. Leçons élémentaires sur la physique du globe, avec fig. intercal. dans le texte. 1 vol. in-18 jésus, cart. . . . . 2 »

Le Ciel. Leçons élémentaires sur la *Cosmographie*, avec fig. intercal. dans le texte. 1 vol. in-18 jésus. . . . . [illegible]

CHACUN DE CES TRAITÉS SE VEND SÉPARÉMENT.

FRANCE (la), *livre de lecture pour toutes les écoles* : — aspect, — géographie, histoire, — administration, — agriculture, — industrie, — commerce, grands hommes, — hommes utiles, — notions diverses, par MM. L. Bandel, professeur au lycée Bonaparte, et E. L. Alvarès, professeur. **Première partie** : Départements compris dans les anciennes provinces de *Normandie*, de *Picardie*, d'*Artois*, de *Flandre*, de *Lorraine*. Nouvelle édition. 1 vol. in-12, cart. 1 20

Deuxième partie : Départements compris dans les anciennes provinces d'*Alsace*, de *Franche-Comté*, de *Champagne*, d'*Ile-de-France*, de l'*Orléanais*, du *Maine* et *Perche*. Nouv. édit. 1 vol. in-12, cart. 1 20

Troisième partie : Départements compris dans les anciennes provinces de *Bretagne*, d'*Anjou*, de *Touraine*, du *Poitou*, du *Berry*, du *Bourbonnais*, de *Bourgogne*. Nouv. édit. 1 vol. in-12, cart. 1 20

Quatrième partie : Départements compris dans les anciennes provinces du *Lyonnais*, de l'*Auvergne*, de la *Marche*, du *Limousin*, de l'*Angoumois*, de la *Guyenne* et de la *Gascogne*, du *Languedoc*, du *Béarn*, du *Roussillon*, du *Dauphiné*, de la *Provence* et du *Comté de Foix*, de la *Corse*, et dans le *comtat d'Avignon*. Nouv. édit. 1 vol. in-12, cart. 1 20

CHAQUE PARTIE SE VEND SÉPARÉMENT.

CHOIX DE LECTURES POUR L'ANNÉE, accompagnées d'exercices, de questions spéciales et de notes, par M. C. Hanriot, inspecteur d'académie. Nouvelle édition. 1 vol. in-12, cart. 1 50

SE VEND AUSSI SÉPARÉMENT :

1er Semestre. Nouvelle édition. 1 vol. in-12, cart. . . . . » 80

2e Semestre. Nouvelle édition. 1 vol. in-12, cart. . . . . » 80

PETIT-JEAN, livre de lecture courante, par M. C. Jeannel, professeur de philosophie près la Faculté des lettres de Montpellier. Nouvelle édition. 1 fort vol. in-12, cart. 1 50

PREMIERS ÉLÉMENTS D'INDUSTRIE MANUFACTURIÈRE, ou simples notions sur les procédés en usage pour préparer les objets nécessaires à la nourriture, au logement, à l'habillement, etc., de l'homme. Ouvrage rédigé d'après les traités les plus modernes, et destiné à servir de livre de lecture courante dans les écoles primaires, par M. Paul Lhomme, ancien professeur. Nouvelle édition refondue et enrichie de gravures sur bois intercalées dans le texte. 1 vol. in-18, cart. . . . . » 90

Paris. — Typ. de Cosson et comp., rue du Four-Saint-Germain, 43.

www.ingramcontent.com/pod-product-compliance
Lightning Source LLC
LaVergne TN
LVHW050825200726
843507LV00001B/193